tredition®
www.tredition.de

AF293537

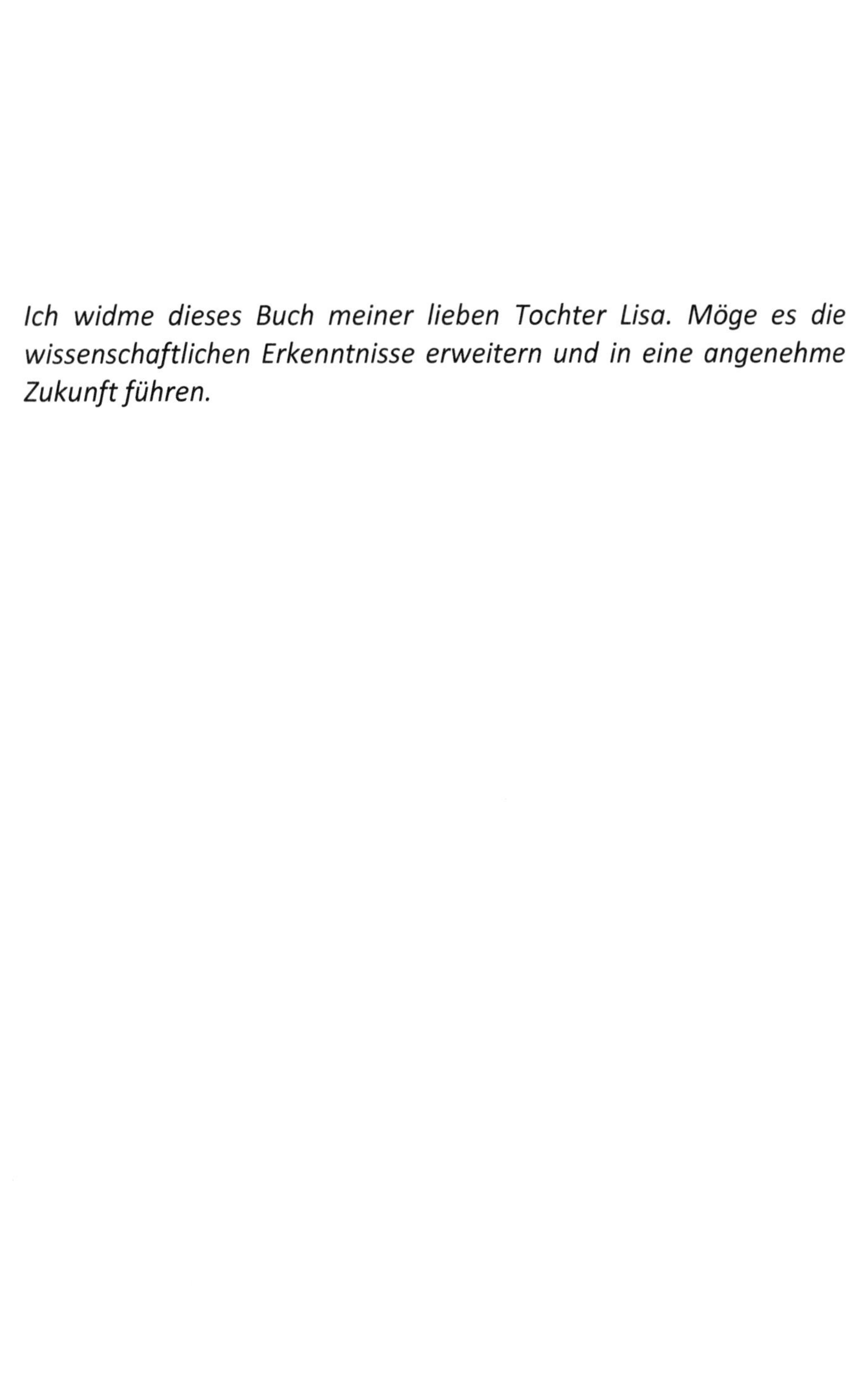

Ich widme dieses Buch meiner lieben Tochter Lisa. Möge es die wissenschaftlichen Erkenntnisse erweitern und in eine angenehme Zukunft führen.

Klaus Stefan

Neuer Weg Richtung Weltformel

Wer löst das Rätsel?

© 2021 Klaus Stefan
Titelbild: vectortatu / stock.adobe.com
Verlag & Druck: tredition GmbH, Halenreie 40-44, 22359 Hamburg

ISBN
Paperback   ISBN: 978-3-347-33635-3
Hardcover   ISBN: 978-3-347-33636-0
e-Book   ISBN: 978-3-347-33637-7

Bibliografische Information der Deutschen Nationalbibliothek:

Die Deutsche Nationalbibliothek verzeichnet diese Publikation in der Deutschen Nationalbibliografie; detaillierte bibliografische Daten sind im Internet über http://dnb.d-nb.de abrufbar.

Inhaltsverzeichnis

Kapitel 1 - Grundlagen

Eine Theorie, die alle Kräfte im Universum beschreibt, ist für viele ein Traum. Wir sind aber auch ohne Weltformel weit gekommen. Die Quantenmechanik ermöglicht Vorhersagen im Mikrokosmos und die Relativitätstheorie im Makrokosmos. Nur zusammen vereinen konnte man beide Theorien noch nicht. Mit diesem Buch zeige ich einen neuen Weg, um dieses Ziel zu erreichen. Es liefert natürlich nicht die Weltformel. Anregungen und Hinweise zeigen aber, wie diese damit vielleicht in naher Zukunft ermittelt werden kann. Auf dem Weg dorthin helfen diese sicherlich auch, um in anderen Themen, wie zum Beispiel Supraleitung, weiterzukommen. Das Buch bietet bis zum Ende verschiedene Überraschungen und kostet nur wenig Zeit zum Lesen. Ich bedanke mich gleich hier für das Interesse und Vertrauen.

Zunächst ein wenig zum Aufbau des Buches. Hier werden Zahlen mit besonderen Eigenschaften vorgestellt, die sowohl im Mikrokosmos als auch im Makrokosmos auftauchen. Dabei kommen viele Tabellen mit großen, kleinen, natürlichen und krummen Zahlen vor. Mein Ziel ist dabei, durch eine einfache Darstellung den Blick auf das Wesentliche zu lenken. Deshalb gleich hier ein paar Hinweise.

Allgemeine Hinweise

In allen Tabellen ist die Schriftgröße etwas kleiner. Aus diesem Grund werden Zehnerpotenzen ähnlich wie beim Taschenrechner dargestellt, um eine bessere Lesbarkeit zu ermöglichen. Stehen in einer Tabelle relevante Zahlen, auf die sich auch der Textteil bezieht, werden beide identisch formatiert, um eine Zuordnung zu erleichtern.

Bei krummen Zahlen wird gerundet, um die Konzentration auf den relevanten Teil zu lenken. Auf besondere Zeichen, dass diese Zahlen noch weiter gehen, wird verzichtet. Damit wird eine lesefreundliche Darstellung ermöglicht, die nicht mit zu viel Zusatzzeichen überladen ist.

Da ein Kapitel auf das andere aufbaut, bitte nichts überspringen, sondern komplett lesen. Weil manche Begriffe unterschiedlich interpretiert werden können, wird gleich am Anfang beschrieben, wie sie zu verstehen sind. Würde dieser Teil übersprungen, kann es zu Missverständnissen kommen, da nicht alles mehrmals wiederholt wird. Das Buch wurde dafür kurzgefasst, damit es auch Personen mit wenig Zeit vollständig lesen können.

Es ist nicht nötig, alles zu merken. Am Anfang wird erklärt, *warum* bestimmte Zahlen genauer betrachtet werden. Dabei genügt es, die Herkunft zu kennen. Danach wird zu sehen sein, *wo* diese überall auftreten. Hier ist es nicht nötig, jedes Beispiel zu kennen. Es reicht ein wenig die Begriffe und Zahlen zuordnen zu können. Mit diesem Wissen ist am Ende zu erkennen, *was* die treibende Kraft hinter allem ist. Falls auf dem Weg dorthin etwas unverständlich ist, einfach weiterlesen. Pro Kapitel gibt es eine kurze Zusammenfassung über das Wichtigste.

Es gibt einige interessante Überraschungen, die auch kurz vor Buchveröffentlichung nicht im Internet zu finden sind. Wer nichts überspringt und auch nicht stehen bleibt, wird diese erkennen und am Ende auch den Gesamtzusammenhang verstehen.

Strategie

Die seitherigen Erfahrungen in der Geschichte der Forschung bilden den Grundgedanke dieses Buches. Dass Materie auch Energie ist, dass ein Teilchen auch eine Welle ist, dass Teilchen miteinander verschränkt sein können, dass Zeit abhängig von Geschwindigkeit ist - war früher nicht vorstellbar. Jetzt schon, aber die Weltformel ist immer noch ein Rätsel.

Dass eine massive Eisenkugel genauer betrachtet, nicht wirklich massiv ist, war früher ebenfalls undenkbar. In der Welt der Atome ist nachgewiesen viel Platz zwischen den Elektronen und dem Atomkern. Über Größe und Material dieser Kugel kann man das Volumen und dann das Gewicht berechnen. Soll aber der innere Aufbau und Zusammenhalt bis zum kleinsten Teilchen herausgefunden werden, wird es schwierig. Wann kann gesagt werden, dass man das endgültig kleinste Teilchen festgestellt hat? Ist es nötig, das zu kennen, wenn man bezüglich dem inneren Zusammenhalt schon bestimmte Kenntnisse hat? Warum nach noch kleineren Teilchen suchen? Wäre das vielleicht eher mit dem Rechenergebnis einer Division vergleichbar? Wenn man Pech hat, liefert diese als Ergebnis irrationale Zahlen und man findet nie ein Ende. Alle beteiligten Zahlen der Division zu kennen wäre dann der einfachere Weg. Orientiert an diesem Gedanke wurde das Buch geschrieben.

Wenn man vor einem Rätsel steht und mit den seitherigen Methoden nicht weiterkommt, hilft manchmal eine andere Strategie. In der Regel eine, die normal niemand nehmen würde, sonst hätte man sie ja schon längst ausprobiert und wäre vielleicht weitergekommen.

Wir wissen, dass Zahlen in der Natur verbinden. Die richtige Frequenz beim Sender und Empfänger und man ist verbunden. Vielleicht ist die Welt der Mathematik mit der Welt der Naturgesetze ebenfalls über bestimmte Zahlen verbunden. Nicht alle möglichen

Zahlen, sondern solche, die verbindende Eigenschaften haben. Ideal wäre es, wenn sie in unterschiedlichen Themen der Mathematik immer wieder auftauchen. Eine Verbindung über einen kleinen mathematischen Umweg wäre auch akzeptabel, was ich als *Beziehung* bezeichne. Dies wäre ganz an den Prinzipien der Natur angelehnt, die sich immer so anpasst, dass sie ihr Ziel mit dem geringstmöglichen Aufwand erreicht. Das klingt natürlich gleich nach einer Begründung, um nach Lust und Laune alles rechnerisch zurechtbiegen zu dürfen. Man sollte aber nicht erwarten, dass alles über einen direkten Weg erreichbar ist. Möglicherweise wird genau dieses Prinzip durch die Naturgesetze realisiert. Sie stellen eine Art mathematische Möglichkeit dar, wie eine Welt unter überall gleichbleibenden Formeln gleichzeitig maximale Größe, Vielfalt (inklusive Leben) und auch Stabilität enthalten kann. Zahlen verbinden dabei soweit möglich die einzelnen Teilgebiete der Mathematik. Formeln schließen Lücken, wenn etwas nur indirekt zur Verbindung gebracht werden kann. Die Naturgesetze sind vielleicht genau solche Formeln.

In diesem Buch werden Zahlen ermittelt, die die Welt der Mathematik und der Naturgesetze verbinden. Diese nenne ich *Verbindungszahlen.* Sind diese nur durch leichtes *Runden* zu erkennen, wird gerundet. Damit wird nicht behauptet, dass dies immer ein „Treffer" sein muss. Es bedeutet nur merken und beobachten, ob dieser Wert häufiger vorkommt. Grundsätzlich werden hier Berechnungen und Vergleiche, die nachvollziehbar und begründbar sind, nicht beschrieben. Diese gibt es schon, denn das ist ja die Grundlage jeder wissenschaftlichen Forschung und ich möchte einen neuen Weg zeigen. Es wird aber auch nicht wahllos irgendetwas zusammengerechnet, denn der neue Weg soll auch keine sinnlose Zahlenspielerei sein. Die Strategie ist ein Mittelweg. Hierbei wird versucht, zu erkennen, was möglicherweise vom gleichen mathematischen Hintergrund beeinflusst wird. Die Orientierung erfolgt dabei an einer Gemeinsamkeit von Werten. In der Welt der Mathematik hat man oft einen Wert, der danach in kleinere Teile aufgeteilt wird. Dieser Wert bildet eine Obergrenze. Mehr ist nicht da bzw. mehr ist nicht möglich. Sieht man aber zuerst nur die Einzelteile, erkennt man diese Obergrenze bzw. Gemeinsamkeit nicht sofort. Sie ist nur indirekt zu erkennen, wenn man alle zusammenzählt und merkt, dass es nicht mehr gibt. Ich bezeichne das als *Gesamtbetrachtung*. Die dann gefundene Obergrenze kann eine Verbindungszahl sein, die zu einem gemeinsamen mathematischen Hintergrund führt. Im Kapitel Mikrokosmos wird das nochmal erläutert und gezeigt.

Bei dieser Strategie ist es nicht möglich, alle Berechnungen nachvollziehbar zu begründen. Die Naturgesetze zeigen uns auch manchmal Zusammenhänge, die wir nach einer Messung in eine Formel geschrieben haben, ohne den mathematischen Grund erklären zu können. Ich kenne das Ziel und kann versichern, der Weg lohnt sich. Würde man die Wissenschaft als eine sauber gepflegte, ebene Straße betrachten, ist dies ein hügeliger Feldweg, bei dem schmutzige Schuhe möglich sind. Ein wenig Abenteuerlust, Durchhaltevermögen und keine Angst vor „Schmutz" bilden eine gute Grundlage, um einige interessante Aussichtspunkte zu erreichen. Diese sind nicht zu sehen, wenn man auf der Straße bleibt. Sie ermöglichen eine komplett neue Sichtweise und führen vielleicht einmal zur Weltformel. Ich lade alle Leserinnen und Leser zu dieser Reise ein.

Verbindung

Um eine Verbindung zwischen der Welt der Mathematik und der Naturgesetze herzustellen, benötigt man die gleiche Sprache. Anders ausgedrückt, wo findet man in der Welt der Mathematik ein vergleichbares Gegenstück in der Welt der Naturgesetze?

Beginnen wir mit ein paar Begriffen aus der Mathematik. Hier sind *natürliche* Zahlen als Ergebnis einer Divisionen immer willkommen, da kein Komma benötigt wird. Man kann sie mit dem Begriff *Stabilität* in Verbindung bringen. Lässt sich der Zähler bei dieser Division durch sehr viele Zahlen teilen, kann das mit dem Begriff *Vielfalt* verglichen werden. Unser Dezimalsystem hat die Eigenschaft, dass sich die Zahlen im Rhythmus 10^x wiederholen. Das kann mit dem Begriff *Selbstähnlichkeit* (in unterschiedlichen Größenordnungen) in Verbindung gebracht werden.

In der Welt der Naturgesetze sind leicht die passenden Gegenstücke zu finden. Bei der Festlegung von Länge und Zeit wurde ebenfalls auf natürliche Zahlen geachtet, die sich gut teilen lassen. Als Grundlage für die Definition der Länge und Zeit wurde unser Planet ausgewählt, der gut die Begriffe *Stabilität, Vielfalt* und *Selbstähnlichkeit* repräsentiert. Eine sehr gute Entscheidung, wie sich noch zeigen wird.

Begriff	Einheit	Definition (vereinfacht, von früher)
Zeit	Sekunde	1/86.400 Teil eines Tages auf der Erde
Länge	Meter	1/10.000.000 Teil des Abstandes Pol bis Äquator auf der Erde <u>bzw.</u> 1/40.000.000 bezogen auf den gesamten Umfang

Bei der Definition der Sekunde wurde auf *große Teilbarkeit* geachtet. Die festgelegten 86.400 Sekunden für 1 Tag lassen sich durch fast alle *einstelligen Zahlen* (außer der 7) glatt teilen. Bei der Definition des Meters wurde auf einfache Darstellung von großen Zahlen geachtet. Man hat den Erdumfang mit 40.000.000 Meter definiert. Das ist durch unser Dezimalsystem mit Nutzung der Zehnerpotenz ($4 \cdot 10^7$) einfach darstellbar.

Auf Basis dieser Definition wurde später auch der Wert für die *Lichtgeschwindigkeit* gemessen. Dieser beträgt 299.792 km/s und lässt sich nach minimaler Aufrundung durch eine einzige, einstellige

Zahl und einer dazugehörigen Zehnerpotenz darstellen: $3 \cdot 10^5$ bzw. 300.000 km/s. Genauso bequem darstellbar wie der Erdumfang. Wie nahe man den tatsächlichen Wert für die Lichtgeschwindigkeit berechnen kann, wird noch gezeigt. Die 3 und 10 spielen dabei auf jeden Fall eine große Rolle. Zunächst bleiben wir aber bei vereinfachten 300.000 km/s.

Zusammenfassung

In diesem Buch werden Zahlen gesucht, die die Welt der Naturgesetze und der Mathematik verbinden. Diese werden Verbindungszahlen genannt. Es wird auch versucht, zu erkennen, welche Einzelteile in der Natur zu einer Einheit bzw. Obergrenze gehören. Dies wird als Gesamtbetrachtung bezeichnet und hat das Ziel, Verbindungszahlen im Ergebnis zu finden.

Die Erde spielt dabei eine große Rolle, weil sie die Grundlage für die Definition von Zeit und Länge ist. Im Rahmen dieser Definition beträgt der Wert für die Lichtgeschwindigkeit fast exakt $3 \cdot 10^5$ km/s. Solche Auffälligkeiten werden bei der Suche nach Verbindungszahlen berücksichtigt.

Es ist wichtig, die Strategie und deren Hintergrund zu kennen, um den Rest dieses Buches zu verstehen. Im nächsten Kapitel Mathematik wird nach Zahlen gesucht, die verbindende Eigenschaften haben.

Kapitel 2 - Mathematik

Natürliche Zahlen sind im Mikrokosmos etwas normales. Man denke nur an die ganzzahlige Anzahl von Elektronen auf der Außenhülle eines Atoms. Bei einer Zuordnung von Eigenschaften, würden natürliche Zahlen gut zu Stabilität passen.

Im Makrokosmos sind eher „krumme" Zahlen die Regel. Die Eigenschaften von irrationalen Zahlen können mit Bewegung und Veränderung von Formen wie im Makrokosmos verglichen werden.

Beide Arten müssen betrachtet werden. Leider gibt es unendlich viele und ich wollte mich ja kurzfassen. Es werden natürlich nur solche Zahlen behandelt, die auch verbindende Eigenschaften haben.

Natürliche Zahlen

Als erstes betrachten wir die 10 als Grundlage für unser Dezimalsystem und einfache Darstellung von Größenordnungen. Für das Universums ist ja das Spiel mit Größenordnungen normal.

Möglichkeiten

Erlaubt man dem Universum alles, gibt es viele Möglichkeiten. Geht man von einer Umsetzung auf einer zeitabhängigen Ebene aus, kommt schon als nächstes der Begriff Reihenfolge. Man kann das auch mit der Anordnung von Ereignissen auf einem Zahlenstrahl vergleichen.

Für die Anordnung von 4 verschiedenen Gegenstände in einer Reihe, gibt es 24 verschiedene Möglichkeiten ($1 \cdot 2 \cdot 3 \cdot 4$). Erweitern wir das Beispiel einfach auf 10 Gegenstände, orientiert an unserem Dezimalsystem, ergibt sich folgendes Ergebnis:

$$1 \cdot 2 \cdot 3 \cdot 4 \cdot 5 \cdot 6 \cdot 7 \cdot 8 \cdot 9 \cdot 10 = \mathbf{3.628.800}$$

Das gleiche Ergebnis erhält man auch mit folgender Darstellung:

$$7^1 \cdot 5^2 \cdot 3^4 \cdot 2^8 \cdot 1^{16}$$

Hier verdoppelt sich der Exponent von der 7 beginnend, rückwärts zählend:

$$1, 2, 4, 8, 16$$

Das Thema Verdopplung spielt auch in der Natur eine wesentliche Rolle und wird später nochmal betrachtet. Einfach mal merken. Die „1 hoch 16" habe ich nur so mit aufgenommen. Es sieht dann einheitlicher aus.

Beim Thema „Möglichkeiten" gibt es neben der vorgenannten Multiplikation noch eine weitere Spielwiese – und zwar Zahlenpartitionen. Diese stellen die Anzahl der Möglichkeiten dar, Zahlen in ihre Summanden zu zerlegen (ganze positive Zahlen, Mehrfachzählung erlaubt). Im Internet findet man gute Beispiele. Wir bleiben bei der 10. Um 10 als gewünschte Summe zu erreichen, ergeben sich genau 42 Möglichkeiten. Eine als Beispiel: $3 + 3 + 4 = 10$.

Für die 10 im Zusammenhang mit „Möglichkeiten" sind also 2 Zahlen relevant. Einmal die 3.628.800 (Stichwort Multiplikationen) und einmal die 42 (Stichwort Summenbildungen). Teilen wir die große durch die kleine Zahl, kommen wir aus der Welt der

Mathematik auf Basis des Dezimalsystems in die Welt der Naturgesetze. Das Ergebnis ergibt die Anzahl der Sekunden pro Tag.

$$\frac{3.628.800}{42} = 86.400$$

Damit besteht aus der Welt der Mathematik ein Bezug zu unserem
Planeten. Die 10 bildet die Grundlagen unseres Dezimalsystems mit
Bezug zum Erdumfang (1/4 Erdumfang = 10^4 km). Die 42 verbindet
die 10! mit den Sekunden pro Tag (86.400).

Zur 42 muss ich an dieser Stelle noch mehr sagen. Sie ist auch in
der Welt der Mathematik etwas Besonderes. Der Kehrwert von ihr
und ihrer *Primfaktoren* ergibt als Summe 1:

$$\frac{1}{2} + \frac{1}{3} + \frac{1}{7} + \frac{1}{\mathbf{42}} = 1$$

Sie ist auch unter dem Begriff primär pseudovollkommene Zahl bekannt. Solche findet man nicht oft! Davor gibt es noch die 6. Danach
kommt lange nichts mehr (1806 wäre die nächste).

$$\frac{1}{2} + \frac{1}{3} + \frac{1}{\mathbf{6}} = 1$$

Die **6** und **42** werden daher als *Verbindungszahlen* weiter beobachtet. Sie spielen eine große Rolle, wenn es um die stabilen Elemente
geht. Die $\mathbf{10^x}$ ist natürlich auch eine *Verbindungszahl*. Sie ist sogar so
oft beteiligt, dass sie in vielen Ergebnissen *nicht* dargestellt wird, um
die Aufmerksamkeit auf die weiteren beteiligten Zahlen zu lenken.
Die wechselnde Größe des Exponenten der $\mathbf{10^x}$ wird bei den einzelnen Berechnungen nicht weiter kommentiert. Gegen Ende des Buches ist aber zu erkennen, dass diese auch kein Zufall ist.

Das Thema *Möglichkeiten* ist damit abgeschlossen. Jetzt kommt die Verbindung zur *Formenwelt*, also zur Welt der Geometrie. Hier betrachten wir als erstes das Quadrat.

Quadrat und 2^4

Eine typisch zweidimensionale Form ist das Quadrat. In der folgenden Abbildung wird die Vergrößerung eines Quadrates vorgestellt. Ein Quadrat mit $2^4 = 16$ Einzelteilen wird verwendet, da hier eine Beziehung zwischen den Verbindungszahlen 2^x, 10^x und 42 besteht.

Es wächst von 1 kleinen Quadrat auf 4, dann auf 9 und am Ende auf 16 Einzelquadrate, die zusammen ein großes Quadrat ergeben. Pro Vergrößerungsstufe ergibt der Zuwachs (Vergrößerungsanteil) der Einzelteile eine ungerade Zahl. Die einzelnen Vergrößerungsstufen bilden eine Reihenfolge der Zahlen.

Die ungerade Zahlen **1, 3, 5** und **7** stellen den Vergrößerungsanteil in der Fläche dar. Die Summe beträgt **16**. Diese Einzelquadrate ergeben zusammen ein großes Quadrat. Wenn man den jeweiligen Vergrößerungsanteil (ungerade Zahlen) quadriert, erhält man:

$$1^2 + 3^2 + 5^2 + 7^2 = 2 \cdot 42 = 84$$

Diese Rechnung macht zwar im Zusammenhang mit einem Quadrat zunächst keinen Sinn, aber bitte nur merken und weiterlesen. Jetzt zu den fortlaufenden Zahlen. Diese (1, 2, 3, 4) zeigen die jeweilige Vergrößerungsstufe an. Die Summe ergibt:

$$1 + 2 + 3 + 4 = \mathbf{10}$$

Auch diese vorherige Rechnung ergibt im Zusammenhang mit einem Quadrat keinen Sinn. Wie bei der Strategie am Anfang vorgestellt, werden auch Werte betrachtet, deren Sinn im Moment nicht erkennbar ist. *Wichtig ist nur, dass sie im gleichen Zusammenhang, ohne große Umwege und mit Bezug zu vergleichbaren, bereits bekannten Werten ermittelt werden können.*

Zu Beginn dieses Kapitels zeigten sich im Zusammenhang mit der **10!** (Möglichkeiten) die Primzahlen **1**, 2, **3, 5** und **7** in unterschiedlicher Anzahl. Klammert man von diesen die einzige gerade Primzahl 2 aus, bleiben die fortlaufenden ungeraden Zahlen **1, 3, 5** und **7** übrig. In dieser Welt der Möglichkeiten wurde auch der Zusammenhang zwischen der **10** und **42** vorgestellt. Betrachtet man nun alle beteiligten Zahlen, findet man diese auch beim Quadrat.

Beim Quadrat kam ebenfalls die **10** (1 + 2 + 3 + 4) vor. Ebenso auch die ungeraden Zahlen **1, 3, 5** und **7** (Vergrößerungsanteil). Diese kommen sogar doppelt vor, denn sie tauchen auch bei der Quadrierung auf ($\mathbf{1^2 + 3^2 + 5^2 + 7^2}$). Deren Summe liefert die 2 · **42**. Hier ist auch die 2 beteiligt, die wir im vorherigen Absatz als einzig gerade Primzahl ausgesondert haben.

Die Welt der Formen und die Welt der Möglichkeiten sind unter diesen Rahmenbedingungen mit gleichen Zahlen verbunden. Solche Rechnungen machen natürlich nur Sinn, wenn man plant, über einfache Formeln oder Regeln mit wenigen gleichen Zahlen eine

Verbindung zu suchen. Vielleicht stehen hinter den Naturgesetzen genau solche Regeln, um gleichzeitig Größe, Vielfalt und Stabilität im Rahmen mathematischer Möglichkeiten darzustellen.

Aus der Welt der *Möglichkeiten* besteht über diese Zahlen damit ein Bezug zur Welt der Formen bzw. Flächen. Wie versprochen, waren keine großen Rechenwege nötig. Jetzt geht es weiter mit dem Dezimalsystem, das ja die Grundlage für 10^x bildet.

Dezimalsystem und 3^4

Genaugenommen kann man das Dezimalsystem ein wenig wie eine Formel oder Regel betrachten. Es ist ein Stellenwertsystem, also ein Zahlensystem, bei dem der Wert von der Position abhängig ist. Die Darstellung ermöglicht eine Selbstähnlichkeit, indem sich die gleichen Zahlen immer wiederholen – nur mit unterschiedlichen Größenordnungen. Die Begriffe Selbstähnlichkeit und Größenordnung stellen allein schon eine Art Beziehung zu den Naturgesetzen her. Es sind zumindest gleiche Prinzipien. Wir suchen aber etwas genauer.

In den Naturgesetzen gibt es die Zeit, die einfach eine festgelegte Reihenfolge darstellt. Die erste Sekunde, danach die zweite Sekunde und so weiter. Beim zuvor beschriebenen „wachsenden" Quadrat wäre es vergleichbar mit der ersten Vergrößerungsstufe, dann der zweiten und auch hier so weiter. Diese Vergrößerungsstufe gibt eine Größenordnung an. Beim Quadrat würde Stufe 2 sagen, dass 4 Einzelquadrate abgebildet sind. Beim Dezimalsystem bzw. Zehnersystem sagt die Zehnerpotenz die Vergrößerungsstufe an. Kann man aber im Dezimalsystem auch so etwas wie eine Reihenfolge finden? Vergleichbar mit den fortlaufenden Zahlen bei den Vergrößerungsstufen eines Quadrates?

Die 81 bzw. 3^4 hat eine interessante Eigenschaft was den Kehrwert angeht:

$$\frac{1}{81} = 0{,}0\mathbf{12345567}9\ldots$$

Fast alle Zahlen von 0 – 9 sind hier in einer Einzigen enthalten, in der richtigen Reihenfolge und mit Bezug zu unserem Dezimalsystem. Die Vergrößerungsstufe wäre dann eher eine Verkleinerungsstufe aber mit gleicher Bedeutung. Solch eine einzige Zahl, die eine Reihenfolge präsentiert, kann auch mit einem großen Quadrat verglichen werden, das über seine Einzelquadrate ebenfalls eine Reihenfolge zeigt. Gegenüber der Welt der Formen bildet diese einfach das Gegenstück in der Welt der Zahlen.

Das war aber nicht die einzige Gemeinsamkeit. Beim Quadrat hatten wir neben den Vergrößerungsstufen (1, 2, 3, 4) zusätzlich den Vergrößerungsanteil betrachtet. Dieser zeigte die ungeraden Zahlen (1, 3, 5, 7). Auch diese können als eine einzige Dezimalzahl dargestellt werden. Bei der folgenden Addition ist die untere Zahl um eine *Zehnerpotenz* (ohne Nachkommastelle) kleiner als die Obere. Im Ergebnis erscheinen die ungeraden Zahlen – wieder als eine einzige Zahl.

$$
\begin{array}{r}
12345 \\
\underline{1234} \\
\mathbf{\underline{13579}}
\end{array}
$$

Damit wurden sowohl die fortlaufenden (1234) als auch die ungeraden Zahlen (1357) jeweils als eine Einzige dargestellt. Beide im Zusammenhang mit dem Dezimalsystem. Im Mikrokosmos werden diese wieder auftauchen, sie wurden nicht umsonst gezeigt.

An dieser Stelle ein letzter Hinweis zur Strategie. Da der Hintergrund der Naturgesetze nicht bekannt ist, suchen wir bezüglich Zahlenverbindungen in der Welt der Mathematik auch nur nach Ähnlichkeiten, ohne direkt die jeweiligen Rechenmethode begründen zu können. Im Kapitel Mikrokosmos und Makrokosmos werden die so gewonnen Zahlen im Rahmen der Gesamtbetrachtung in der Natur gesucht. Auffällige Übereinstimmungen bilden dann die Basis für eine neue Betrachtung möglicher Hintergründe der Naturgesetze.

Irrationale Zahlen

Bei den natürlichen Zahlen wurden schon Verbindungszahlen vorgemerkt. Nachdem die Erde rund ist, sollte auch die Zahl Pi betrachtet werden. Damit sind wir bei den irrationalen Zahlen.

Pi bzw. π

Pi ist die Grundlage für alle Berechnungen, die mit einem Kreis oder einer Kugel zu tun haben. Auch wenn Pi eine irrationale Zahl ist, besteht eine Verbindung zu zwei natürlichen Zahlen. Das sind die 3 und 4.

Regel	
Beim Radius **3** einer Kugel gilt:	Oberfläche = Volumen = 113,097
Bei gleichem Radius für Kreis und Kugel gilt:	**4** · Kreisfläche = Kugeloberfläche

Gleich ein wichtiger Hinweis zur **3**. Mit diesem Radius ist bei der Kugel der Ergebniswert 113,097 nur als Zahl identisch. Er steht nämlich für *unterschiedliche* Maßeinheiten. Einmal für eine Fläche und einmal für ein Volumen. Grundsätzlich, und das gilt für das ganze Buch, erfolgt ein Vergleich immer nur bezogen auf den reinen Zahlenwert.

Die Maßeinheit spielt keine Rolle. Entscheidend ist, ob ein Wert eine besondere Eigenschaft hat.

In diesem Fall verbindet die **3** eine Oberfläche und ein Volumen über den gleichen Ergebniswert. Die 3 ist auch schon im Zusammenhang mit dem Dezimalsystem aufgetreten. Dort als $3^4 = 81$. Damit gehört sie eindeutig zu den Verbindungszahlen. Nachdem auch ein Vielfaches der 3 bereits vorgemerkt wurde, kann man das ganze etwas einheitlicher zusammenfassen. Wir betrachten einfach 3^x als Verbindungszahl.

Der hier ebenfalls vorgestellt Ergebniswert 113,097 wird ebenfalls noch gebraucht. Er wird später im Kapitel Makrokosmos auftauchen.

Beim der zweiten Regel (4 · Kreisfläche = Kugeloberfläche) fällt die **4** auf. Sie verbindet eine zweidimensionale und eine dreidimensionale Fläche – ebenfalls über den gleichen Ergebniswert. Damit gehört sie natürlich genauso zu den Verbindungszahlen. Sie war auch Bestandteil bei der Definition des Meters im Zusammenhang mit der Erde. Zum Stichwort Verdoppelung gehört ebenfalls die 4 (2 · 2). Auch hier empfiehlt es sich, flexibel wie bei der 3 zu sein. Daher betrachten wir einfach nach dem gleichen Prinzip die 2^x als Verbindungszahl. Es wird sich noch zeigen, dass diese Entscheidung hilfreich ist.

Zur Kugel gibt es noch einen allgemeinen Hinweis. Diese hat bei vorgegebenem Volumen die kleinste Oberfläche. Hier besteht also auch ein Bezug zu Extremwerten in der Welt der Formen.

Jetzt ein kleiner Rückblick zum Quadrat. Da wurde auch der Vergrößerungsanteil betrachtet. Dieser Vergleich darf beim Kreis auch nicht fehlen. Die Frage ist, ob sich auch hier die ungeraden Zahlen zeigen. In der folgenden Tabelle ist zu sehen sich, dass dieses Prinzip auch beim Kreis erhalten bleibt. Der Faktor Pi kommt hier einfach noch dazu.

Vergrößerung	Flächenzuwachs Quadrat	Flächenzuwachs Kreis	
0 auf 1 m	1 m²	1 m²	
1 auf 2 m	3 m²	3 m²	$\cdot\ \pi$
2 auf 3 m	5 m²	5 m²	
3 auf 4 m	7 m²	7 m²	

Hinweis: Vergrößerung betrifft Seitenlänge Quadrat bzw. Radius Kreis

Damit besteht auch hier kein großer Unterschied zum Quadrat, nur dass man jetzt noch ein gutes Beispiel hat, wie *Naturkonstanten* funktionieren. Diese müssen auch in bestimmten Formeln nur anwesend sein. Einfach mal merken.

Phi bzw. ϕ

Eine weitere irrationale Zahl ist Phi. Der goldene Schnitt hat sowohl in der Welt der Zahlen als auch in der Welt der Formen einen Einfluss. Es gibt ihn mit zwei Werten:

$$\frac{1 + \sqrt{5}}{2} = \mathbf{1,}618 = \Phi$$

$$\frac{1}{\Phi} = \mathbf{0,}618 = \varphi$$

Bei einer Darstellung von Phi im Dezimalsystem liegt die Differenz zwischen den vorgenannten zwei möglichen Werten bei genau 1. Das ist nur im Dezimalsystem möglich und ich bezeichne es als eine Verbindung zur Einheit 1. Eine weitere Differenz von genau 1 erhält man zwischen Φ (1,618) und Φ^2 (2,618). Zusätzlich kann Phi auch *relativ* genau mit der 81 (3^4) in Verbindung gebracht werden. Ebenso auch mit den Vergrößerungsstufen 1234 eines wachsenden Quadrates als eine Zahl.

$$\boldsymbol{\varphi} \approx \frac{\mathbf{1,234}}{2} \approx \frac{100}{2 \cdot \mathbf{81}} \approx 0,617$$

Das wachsende Quadrat kann ähnlich wie Phi mit Selbstähnlichkeit verglichen werden. Es sind lückenlose Stückelungen durch Einzelquadrate möglich. Die Selbstähnlichkeit von Phi findet über Streckenverhältnisse (Linie) statt, während sie beim Quadrat über die Anzahl bzw. Fläche der Einzelquadrate geht.

Es gibt noch eine weitere Eigenschaft. Phi ist die irrationalste aller Zahlen. Bei Resonanzeffekten, die ja oft vermieden werden sollen, ist diese Eigenschaft von Bedeutung. Phi kann nämlich am schlechtesten von allen irrationalen Zahlen durch das Verhältnis natürlicher Zahlen dargestellt werden. Mit der 81 (wie beschrieben) kommt man aber schon sehr nahe ran.

Irrationale Zahlen durch natürliche Zahlen annähernd darzustellen, wirkt vielleicht irritierend. Wird da etwas zurechtgebogen, das nichts miteinander zu tun hat? Ich kann nur vorab schon darauf hinweisen, dass sowohl die 81 als auch annähernd Phi noch mehrfach auftauchen werden. Einmal sogar zusammen. Daher wird gleich hier die mögliche Bedeutung bei den Naturgesetzen wegen der Ähnlichkeit vorgestellt. Ich vermute, dass der Hintergrund für die Naturgesetze Vielfalt (Formen, Bewegung) und Langlebigkeit (Stabilität) sind. Manchmal lassen sich gewünschte Maximalwerte für mehrere Ziele nur durch Kompromisse der darstellenden Plattform erreichen. Die Plattform der Naturgesetze ist die Mathematik. Kompromisse kann man vereinfach als Mittelwerte betrachten. Dieser Wert bildet die Mitte, um mehrere Ziele gleichzeitig optimal zu erreichen. Sofern Grundlagen der Naturgesetze natürliche und irrationale Zahlen sind, wären Kompromisse bzw. Mittelwerte unvermeidbar. Der

Schwerpunkt für *natürliche* Zahlen ist der Mikrokosmos mit Themen wie Möglichkeiten und Langlebigkeit. Der Schwerpunkt für *irrationale* Zahlen ist der Makrokosmos mit Themen wie Formen und Bewegung. Die seitherigen und künftigen Beschreibungen zeigen Zahlen, die beides im Rahmen der Möglichkeiten verbinden.

<u>Nahe Verbindung zwischen Pi und Phi</u>

Zwei irrationale Zahlen, nämlich Pi und Phi, sind unter dem Stichwort „Goldene Spirale" zusammen beteiligt. Vereinfacht erklärt, sind das viele verbundene Viertelkreise in unterschiedlicher Größe. Im Internet ist das gut und verständlich dargestellt. Es gibt aber auch eine Verbindung, bei der eine natürliche Zahl beteiligt ist. Das kann jetzt naturgemäß keine exakte Verbindung sein, aber *relativ* genau.

$$\pi \cdot \varphi^2 \cdot 10 = 11{,}999 \approx \mathbf{12}$$

Fast exakt eine 12! Die bitte merken. Sie ist im Makrokosmos relevant und da dreht sich ja alles irgendwie im Kreis. Jetzt wird es Zeit für einen kleinen Rückblick.

Zusammenfassung und Ergebnis

Nachdem einiges zusammengekommen ist, ist eine Tabelle hilfreich, um den Überblick zu bewahren. Zugunsten einer guten Übersicht habe ich mich auf reine Stichworte beschränkt. Bei Bedarf, einfach nochmal nachlesen.

	Natürliche Zahlen (Mikrokosmos: Stabilität)	**Irrationale Zahlen** (Makrokosmos: Form, Bewegung)
Zahlen	Möglichkeiten • 10!/42 = 86.400 • 10^x, 42 (6) Thema Kreis & Kugel • 2^x, 3^x Thema Phi • 1 $(\phi - \varphi)$	Irrationalste aller Zahlen • φ = 0,618 (Phi) • Ähnlich 1234/2 = 617 • Einheit 1 = ϕ - φ
Formen	Quadrat • 1 + 2 + 3 + 4 = 10 • $1^2+3^2+5^2+7^2$ = 2 · 42 = 84	Kugel • Kleinste Oberfläche • π = 3,1415926 (Pi) • Verbindung Volumen bei 3 bzw. Fläche bei 4
Selbst-ähnlichkeit	Dezimalsystem 10^x • Wiederholung • 1234567 (1/81)	Phi • Streckenverhältnis ϕ = 1,618 und φ = 0,618

Die Herkunft der Verbindungszahlen 1, 2^x, 3^x, 6, 10^x, 42 bzw. 84 (2 · 42) war zu erkennen. Diese werden später im Mikrokosmos und auch im Makrokosmos gesucht.

Die Zehnerpotenz kommt häufig in Kombination mit anderen Verbindungszahlen vor. Auf eine zusätzliche Darstellung wird daher künftig oft verzichtet. Ihr Exponent (10^x) kann auch einen negativen Wert haben, so dass sie sowohl für Vergrößerung als auch für Verkleinerung steht.

Die Unterscheidung zwischen geraden und ungeraden Zahlen wird natürlich ebenfalls in den folgenden Kapiteln berücksichtigt. Gerade diese Einteilung ist ein wichtiger Bestandteil dieses Buches.

Für die Suche von Verbindungszahlen im Mikrokosmos werden in erster Linie die natürlichen Zahlen betrachtet. Im Makrokosmos erweitern wir diese um die irrationale Zahlen und die Verbindungszahl 12 (bzw. ein Vielfaches davon).

Beim Vergleich zwischen Mathematik, Mikrokosmos und Makrokosmos spielen unterschiedliche Maßeinheiten keine Rolle. Da der mathematische Hintergrund für die Naturgesetze nicht vollständig bekannt ist, erfolgt hier keine vorzeitige Einschränkung.

Das war schon das Wichtigste. Weitere Verbindungszahlen folgen noch. Als nächstes sehen wir uns Naturkonstanten und Formeln an, die grundlegend für Raum und Zeit sind.

Kapitel 3 - Naturgesetze

Man sollte davon ausgehen, dass hinter den Naturgesetzen mathematische Grundsätze stehen, die Maximalwerte enthalten. Diese werden im Rahmen der Möglichkeiten in der Welt der Formen dargestellt. Das wesentliche Kriterium, um etwas betrachten zu können, ist Langlebigkeit. Im Mikrokosmos erfolgt dies durch stabile Elemente, die nicht zerfallen und die Grundlage für langlebige Formen im Makrokosmos bilden. Verbindungszahlen bilden dabei die Schnittstelle zwischen diesen Welten. Je genauer Formen eine Beziehung zu diesen Verbindungszahlen haben, desto stärker werden sie davon beeinflusst. Die Vielfalt an Formen auf unserem Planeten bestätigen dessen Übereinstimmung mit diesen Zahlen. Sie verbinden Stabilität aus dem Mikrokosmos mit Vielfalt und Bewegung im Makrokosmos.

Orientiert an den Daten der Erde (Definition Meter, Sekunde) wurde der Wert für die Lichtgeschwindigkeit und anderer Naturkonstanten ermittelt. In diesem Kapitel sehen wir uns die Naturkonstanten und Formeln an, die *Grenzen* für Bewegung und Teilbarkeit bewirken. Es wird versucht, daraus weitere Verbindungszahlen zu finden.

Um eine Brücke zwischen den Naturgesetzen und der Mathematik zu haben, wird mit Begriffen aus der *Geometrie* und natürlich dem Thema *Möglichkeiten* gearbeitet. Kreis, Anzahl und Länge bilden daher jeweils kurze Themenüberschriften.

Kreis

Man kann Mathematik und Physik eigentlich nicht wirklich trennen. Beide berechnen Zusammenhänge und beide haben auch bestimmte, immer gleichbleibende Zahlen (Thema Mathematik) und

Naturkonstanten (Thema Naturgesetze) als unverzichtbarer Bestandteil von Gleichungen. Betrachtet werden folgende:

Mathematik	Physik*
Pi (3,14156926)	**c** (299.792)
Phi (1,618034 bzw. 0,618034)	**h** (6,626 · 10^{-34})

*c = Lichtgeschwindigkeit   h = Plancksches Wirkungsquantum

Die Lichtgeschwindigkeit bildet die kosmische Geschwindigkeitsbegrenzung. Das Plancksche Wirkungsquantum begrenzt Energieportionen. Beide stehen für Grenzen – und haben gleichzeitig einen gemeinsamen Bezugspunkt, zu dem ich später komme. Zunächst zur Lichtgeschwindigkeit und wie sich diese Grenze äußert.

Die bekannte Einsteingleichung zeigt, dass Masse auch Energie ist. Aus jeder Masse kann deren Energie errechnet werden. Man kann auch umgekehrt aus jeder Form von Energie (z.B. kinetische Energie) eine Masse herausrechnen. Daraus ergibt sich ein berechenbarer Zusammenhang zwischen Masse und Geschwindigkeit.

Bewegt sich eine Masse, enthält sie neben der eigenen *ruhenden* Energie noch zusätzlich eine *kinetische* Energie. Diese zusätzliche Energie entspricht auch einer Masse. Und dies führt dazu, dass mit steigender Geschwindigkeit die Masse des Objektes zunimmt. Man addiert einfach zu der vorhandenen bewegten Masse noch zusätzlich die „rechnerische" Masse ihrer kinetischen Energie. Die Formel dazu sieht so aus.

$$\left(\frac{Masse\ im\ Ruhezustand}{Masse\ in\ Bewegung}\right)^2 + \left(\frac{Geschwindigkeit}{Lichtgeschw.}\right)^2 = 1$$

Würde sich ein Objekt mit Lichtgeschwindigkeit bewegen, wäre seine Masse nach dieser Gleichung unendlich groß. So entsteht eine Grenze. Interessant ist, dass dabei ein „gleitender Übergang" erfolgt.

Die Massezunahme steigt nämlich erst langsam an, bis sie immer stärker und bei Lichtgeschwindigkeit unendlich groß wird. Die Gleichung enthält damit eine interessante Eigenschaft. Es ist nämlich eine *Kreisgleichung*. Warum die sich so nennt, zeigt sich, wenn man einfach ein paar Werte aus dieser Gleichung grafisch darstellt:

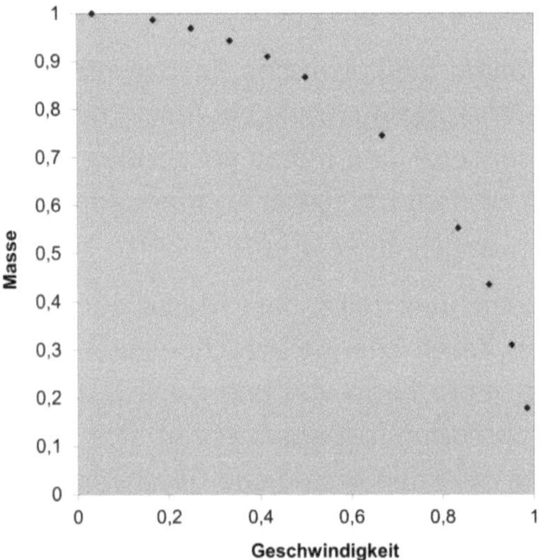

Ein *Viertelkreis* ist dabei gut erkennbar. Im Anhang ist eine Tabelle mit genaueren Angaben zu den ausgewählten Beispielwerten. Wie kommen wir jetzt von den Naturgesetzen zur Welt der Mathematik? Um sich von den selbst definierten Werten für die Lichtgeschwindigkeit und Masse zu lösen, bleibt nur die Möglichkeit, die Abhängigkeit (Masse, Geschwindigkeit) in Form von Verhältniszahlen darzustellen. In der Darstellung sind der Radius des Kreises und die Länge der Quadratseite identisch. Dabei berühren sich die Welt der natürlichen Zahlen (Quadrat) und die Welt der irrationalen Zahlen (Kreis).

Vergleichen wir einfach mal die Verhältniswerte zwischen beiden Teilen. Zunächst die Flächeninhalte, wobei der Wert für den Viertelkreis mit 1 definiert wird.

Flächeninhalt	
Viertelkreis	**Rest vom Quadrat**
1	0,27324

Dieses Verhältnis beträgt 1 : 0,27324. Die Kreisgleichung aus der vorherigen Darstellung enthält die Einheiten Kilogramm (Masse), Meter (Länge) und Sekunde (Zeit). Über diesen Vergleich wird sie, losgelöst von den Einheiten und einer Naturkonstante, mit der Zahl 0,27324 in Verbindung gebracht. So kommt man aus der Welt der Naturgesetze (Formel) in die Welt der Mathematik (Viertelkreis).

Das war noch nicht alles. Bisher hatten wir die Fläche verglichen. Eine weitere Verhältniszahl lässt sich mit dem Umfang bilden.

Umfang	
Viertelkreis	**Rest vom Quadrateck**
1	1,27324

Ähnlich wie zuvor, zeigt sich eine von der Kreisgleichung losgelöste Zahl. Zur davor beschriebenen Zahl hat sie eine interessante Eigenschaft. Sie ist um genau 1 größer (1,27324 − 0,27324 = 1). Also die Definition der Einheit 1. Damit vereint der Viertelkreis folgende Eigenschaften unter dem gleichen Thema:

- Viertelkreis (Mathematik) und Massezuwachs (Naturgesetze)
- Definition der Einheit 1

Beim Thema Viertelkreis kann auch gleich ein Bezug zur Erde hergestellt werden. Der Meter wurde als der 10.000.000 Teil der Entfernung vom Äquator der Erde zum Pol definiert. Bezogen auf diesen

Viertelkreis ergibt sich ein rechnerischer Durchmesser der Erde von 12.732 Kilometer ($\rightarrow$ 1,2732). Der tatsächliche Durchmesser weicht so wenig ab, so dass ein Vergleich absolut gerechtfertigt ist. So kommt man aus der Welt der Naturgesetze über die Einsteingleichung nicht nur in die Welt der Mathematik, sondern auch zu den Daten der Erde. Diese bilden wiederum die Grundlage für die Definition der Sekunde und des Meters. Diese beiden Werte wurden wieder bei der Feststellung der Lichtgeschwindigkeit verwendet, die wiederum Teil der Einsteingleichung ist. Interessant, oder?

Einfach mal merken. Hier ist auch besonders gut erkennbar, dass die Zehnerpotenz eine eigenständige Verbindungszahl ist. Man benötigt sie auch hier: $1{,}2732 \cdot 10^4 = 12.732$ km. Wie früher schon beschrieben, werden Abweichungen im Rahmen der Zehnerpotenz nicht näher betrachtet und auch nicht begründet. Die 10^x bildet einfach eine von verschiedenen Verbindungszahlen, die in unterschiedlicher Anzahl benötigt werden.

Das Thema Erde ist damit noch nicht ganz abgeschlossen. Zuvor wurde der *Umfang* beim Viertelkreis im Quadrat (Längenverhältnis) mit der Erde in Verbindung gebracht. Eine weitere interessante Beziehung besteht auch beim *Flächeninhalt* (Flächenverhältnis). Hier ist das Schaltjahr mit 366 Tagen relevant. Der Kehrwert zeigt die besondere Bedeutung dieser Zahl.

$$\frac{1}{366} = 0{,}0027322$$

Wenn man von der Zehnerpotenz absieht, hat das Ergebnis 0,0027322 sehr starke Ähnlichkeit mit dem Ergebnis 0,27324 beim Viertelkreis im Quadrat. Wird die Rechnung mit 365,25 Tagen als Jahr durchführt, ist der Wert immer noch ähnlich. Genauer sind aber die 366 Tage.

Es sieht fast so aus, als würde die Erde auf allen Hochzeiten mittanzen, nur manchmal verkleidet. Der Erddurchmesser kommt im Zusammenhang mit dem Längenverhältnis beim Viertelkreis im Quadrat indirekt vor. Die Anzahl der Tage für ein Jahr kommt beim Flächenverhältnis indirekt vor. Es sind andere Einheiten, das ist natürlich klar. Einmal Tage, einmal Fläche – natürlich nicht vergleichbar. Die Naturgesetze zeigen aber, dass manchmal das eine mit dem anderen über Umwege dennoch etwas zu tun hat. Es hat lange gedauert, bis entdeckt wurde, dass sich Geschwindigkeit und Zeit beeinflussen. Genauso kaum vorstellbar, dass Materie auch Energie ist. Hätte man vor 300 Jahren solch eine Vermutung geäußert und behauptet, irgendwann findet jemand auch eine passende Formel dazu … Gute Forschung sollte nie zu früh ausschließen. Es empfiehlt sich, Auffälligkeiten zu sammeln und einen Ausschluss möglichst spät vorzunehmen.

Bei der Suche nach Verbindungszahlen in der Natur ist es wichtig zu wissen, wie und wo man suchen soll. Ideal sind immer Formeln, die aus den Naturgesetzen stammen und als Ergebnis einfache Begriffe wie Anzahl und Länge liefern. Welche das sind, zeigen die nächsten Themen.

Anzahl

Im Zusammenhang mit der Erde wurde beim Thema Möglichkeiten schon die Anzahl der Sekunden pro Tag errechnet. Der Begriff Anzahl wird jetzt weiter betrachtet. Man kann zum Beispiel die Schwingungen pro Sekunde zählen. Bei den elektromagnetischen Wellen ist hierzu der Begriff *Frequenz* bekannt. Eine Frequenz kann auch für eine *Masse* errechnet werden. Dazu müssen lediglich zwei Formeln gefunden werden, die *beides* enthalten und über einen gemeinsamen Bezugspunkt verbunden sind.

Hier sind sie. Der gemeinsame Bezugspunkt ist Energie.

Energie nach	
Max Planck	**Albert Einstein**
$h \cdot$ Frequenz	Masse $\cdot\, c^2$

Hinw.: h = Plancksches Wirkungsquantum c = Lichtgeschwindigkeit

Durch Umformung und Zusammenführen beider Formeln kann für eine bestimmte Masse eine bestimmte Frequenz errechnet werden. Diese zeigt die Anzahl der Schwingungen pro Sekunde:

$$\frac{Masse \cdot c^2}{h} = Materiefrequenz$$

Die Anzahl haben wir damit. Um jetzt noch in die Welt der Formen (Geometrie) zu kommen, benötigen wir eine Methode, um eine Länge errechnen zu können.

Länge

Über einen kleinen Umweg kann für Materie auch eine *Länge* ermittelt werden. Im Zusammenhang mit elektromagnetischen Wellen ist bekannt, wie die Wellenlänge berechnet wird (Lichtgeschwindigkeit/Frequenz). Aus den vorherigen Formeln, die auch Masse und Frequenz enthalten, kann mit dieser Ergänzung auch eine Materiewellenlänge ermittelt werden.

$$\frac{h}{Masse \cdot c} = Materiewellenlänge$$

Jetzt können wir sowohl Anzahl als auch Länge im Zusammenhang mit Materie berechnen. Es handelt sich hierbei um rein rechnerische Werte, bei denen es nicht darum geht, ob sie in der Natur überhaupt vorkommen können. Es geht nur darum, ob diese bei Berechnungen eine Verbindungszahl als Ergebnis liefern.

MLP

Eine weiter interessante Formel, stellt die Masse, die Lichtgeschwindigkeit und das Plancksche Wirkungsquantum auf eine Stufe. Sie soll bei der Suche nach auffälligen Werten ebenfalls helfen. Das Ergebnis bezeichne ich abgekürzt als MLP (Masse, Lichtgeschwindigkeit, Plancksches Wirkungsquantum).

$$\frac{1}{Masse \cdot c \cdot h} = MLP$$

Es ist eine erfundene Formel. Ich kenne jedenfalls keinen Anwendungszweck. Manchmal ist es aber auch hilfreich, einfach mal etwas auszuprobieren. Auch hier wird sich später was finden, sonst hätte ich sie nicht vorgestellt.

Zusammenfassung und Rückblick

Alle vorherigen Gleichungen enthalten sowohl die Lichtgeschwindigkeit als auch das Plancksche Wirkungsquantum. Bezogen auf Materie sind damit gleichzeitig eine Obergrenze (c) und eine Untergrenze (h) berücksichtigt. Damit bilden sie eine gute Basis für einen Vergleich mit Verbindungszahlen aus der Welt der Mathematik.

Zusätzlich werden die Verhältniszahlen 1,2732 und 0,2732 (Viertelkreis im Quadrat) als weitere Verbindungszahlen aufgenommen. Sie sind im Zusammenhang mit den Naturgesetzen ermittelt worden und bilden rein mathematische Verhältniszahlen zwischen Kreis und Quadrat.

Hier sind nochmal alle Verbindungszahlen mit kurzen Stichworten zusammengefasst:

- $1, 2^x, 3^x$ (insbesondere $3^4 = 81$)
- 10^x (Zehnerpotenz, Möglichkeiten)
- 42 (Möglichkeiten, Bezug zur 1)
- 6 (Bezug zur 1)
- 84 (Bezug zur 42 und zum Vergrößerungszuwachs Quadrat)
- 1/81 = 0,012345… (Reihenfolge, Dezimalsystem)
- 1 3 5 7 9 (ungerade, Vergrößerung Quadrat)
- 0,618 (Phi) bzw. $0,617 \approx 100/(2 \cdot 81)$
- 0,2732 und 1,2732 (Viertelkreis, 366 Tage)
- 12 (Pi → Phi)

Das war zunächst alles. Im nächsten Kapitel Mikrokosmos beginnt gleich der erste Vergleich im Rahmen einer Gesamtbetrachtung.

Kapitel 4 - Mikrokosmos

Wasserstoff und Sauerstoff sind die bekanntesten Elemente, die sicher jeder kennt. Elemente werden durch die Anzahl der Protonen unterschieden. Bei gleicher Protonenzahl können sie unterschiedlich viel Neutronen haben. Sauerstoff hat zum Beispiel immer 8 Protonen, kann aber mit 8 oder 9 oder 10 Neutronen auftauchen. Bei 3 Möglichkeiten bedeutet das, es hat 3 Isotope.

Es gibt sehr viele Elemente, aber nicht jedes ist stabil. Stabilität bedeutet, im Einklang mit den Naturgesetzen zu stehen. Und genau diese sollen ja erforscht werden.

Hier kurz ein allgemeiner Hinweis. Wenn in den folgenden Seiten der Begriff Isotope verwendet wird (Spaltenüberschriften etc.), ist damit immer die *Anzahl der stabilen Isotope pro Element* gemeint. Es gibt bei vielen Elementen auch weitere, instabile Isotope. Diese werden bei der Zählung *nicht* berücksichtigt! Sobald ein Element mindestens ein stabiles Isotop hat, zählt es zu den stabilen Elementen.

Es gibt 80 bzw. 81 stabile Elemente – je nachdem ob man das Element 83 Bismut als stabil betrachten will. Eine leichte Radioaktivität konnte inzwischen nachgewiesen werden. Ab Element 84 Polonium ist die Frage der Stabilität wieder klar beantwortet. Polonium ist hochradioaktiv. Genaugenommen ist nach Element 83 alles klar radioaktiv bzw. instabil.

In diesem Buch wird das Element 83 Bismut als stabil betrachtet. Unter diesen Voraussetzungen gibt es **81** stabile Elemente und dieser Wert passt auch zu einer der Verbindungszahlen (3^4).

Es ist zu beachten, dass nicht alle Elemente von 1 bis 81 lückenlos stabil sind. Die zwei Elemente 43 und 61 sind radioaktiv. Die 81 stabilen Elemente verteilen sich damit bis zum Element 83. Danach folgt Element 84. Die **84** (bzw. 2 · 42) ist ebenfalls eine Verbindungszahl, womit schon die Frage entsteht, ob beide zu beobachten sind.

In diesem Kapitel betrachten wir zunächst die 81 und danach die 84 Elemente als Ganzes. Ich kann jetzt schon sagen, dass beides wichtig und richtig ist, denn es gibt einen Zusammenhang, der beide Zahlen verbindet. Doch das später.

Auf der nächsten Seite ist eine Übersicht der 84 Elemente zu sehen. Alle Details finden sich im Anhang. Warum diese Tabelle in zwei nebeneinanderstehenden Blöcken (2 · 42) aufgeteilt ist, wird sich noch zeigen.

42 Elemente				42 Elemente			
Element	*Iso.*	Element	*Iso.*	Element	*Iso.*	Element	*Iso.*
1	*2*	22	*5*	*43*	*0*	64	*7*
2	*2*	23	*2*	44	*7*	65	*1*
3	*2*	24	*4*	45	*1*	66	*7*
4	*1*	25	*1*	46	*6*	67	*1*
5	*2*	26	*4*	47	*2*	68	*6*
6	*3*	27	*1*	48	*8*	69	*1*
7	*2*	28	*5*	49	*2*	70	*7*
8	*3*	29	*2*	50	*10*	71	*2*
9	*1*	30	*5*	51	*2*	72	*6*
10	*3*	31	*2*	52	*8*	73	*2*
11	*1*	32	*5*	53	*1*	74	*5*
12	*3*	33	*1*	54	*9*	75	*2*
13	*1*	34	*6*	55	*1*	76	*7*
14	*3*	35	*2*	56	*7*	77	*2*
15	*1*	36	*6*	57	*2*	78	*6*
16	*4*	37	*2*	58	*4*	79	*1*
17	*2*	38	*4*	59	*1*	80	*7*
18	*3*	39	*1*	60	*7*	81	*2*
19	*3*	40	*5*	*61*	*0*	82	*4*
20	*6*	41	*1*	62	*7*	83	*1*
21	*1*	42	*7*	63	*2*	*84*	*0*

Hinweis: „Iso." = Isotope; die Elemente 43, 61, 84 sind instabil

81 stabile Elemente

Zunächst betrachten wir die 81 stabilen Elemente. Die 81 ist nur eine reine Anzahl, aber dennoch wird ein Bezug zu einer Verbindungszahl unterstellt. Dies ist ein Grundprinzip der schon erwähnten Gesamtbetrachtung. Etwas das zum gleichen „Thema" (gleiche

Eigenschaften etc.) gehört, wird hierbei zusammen betrachtet und ggf. auch zusammengezählt. Dies bedeutet, mal zählen wir Elemente, mal Protonen, mal Isotope und so weiter. Bei der Gesamtbetrachtung wird immer der gleiche mathematische Hintergrund, der zu bestimmten Eigenschaft führt, vermutet.

Zunächst wird gezählt (Anzahl), danach wird auch gemessen (Länge). Beim Messen hilft später die bereits vorgestellte Formel zur Ermittlung der Materiewellenlänge.

Anzahl Protonen

Im Kapitel Mathematik hatten wir unter anderem zwischen geraden und ungeraden Zahlen unterschieden. Auch diese Einteilung sollte hier berücksichtigt werden. Bei einer Unterscheidung zwischen geraden und ungeraden Isotopen ist auffallend, dass bei den Elementen mit 1 und 3 Isotopen die Summe der Protonen genau **900** ergibt. Bei den restlichen Elemente mit 5, 7 und 9 Isotopen sind es wieder **900**:

Anzahl Isotope	Summe Protonen	Teilmenge
1	813	813
2	834	
3	87	87
Summe rechte Spalte		**900**
4	244	
5	226	226
6	354	
7	620	620
8	100	
9	54	54
10	50	
Summe rechte Spalte		**900**

Die 900 ($3^2 \cdot 10^2$) zeigt deutlich auf die Verbindungszahlen 3^x und 10^x. Die Konzentration auf ungerade Isotope mit einer 2 zu 3 Einteilung führt zu ihnen. Dies alles erfolgt unter Beteiligung der $3^4 = 81$ stabilen Elemente. Schon hier ist gut zu erkennen, dass die Strategie der Gesamtbetrachtung richtig ist.

Als nächstes betrachten wir mal rein mathematisch die 81 unter dem Thema *gerade/ungerade*. Zunächst geht es um die *ungerade* Zahlen. Deren Anzahl aus der Menge 1 – 81 ergibt **41**.

Jetzt zu den Elementen. Sucht man bei den 81 stabilen Elementen alle mit *ungerader* Protonenanzahl, findet man diese fast ausschließlich bei den Elementen mit 1 und 2 Isotopen. Die Anzahl der Elemente mit 1 und 2 Isotopen beträgt ebenfalls **41**.

Isotope	Anzahl Elemente
1	20
2	21
Summe	**41**

Damit haben wir die Zahl 41 in einem Zusammenhang mit dem Begriff *ungerade* und den 81 Elementen. Die Elemente mit 1 und 2 Isotopen werden daher näher betrachtet. Zunächst beginnen wir mit allen Elementen mit *1 Isotop*, die auch Reinelemente genannt werden. Die Summe aller Protonen dieser Elemente beträgt 813. Auf der nächsten Seite ist eine Übersicht als Beispiel. Weitere Übersichten pro Isotop sind im Anhang zu finden. Dort ist auch die Anzahl der zugeordneten Elemente vermerkt.

Chemisches Zeichen	Anzahl Protonen
Be	4
F	9
Na	11
Al	13
P	15
Sc	21
Mn	25
Co	27
As	33
Y	39
Nb	41
Rh	45
I	53
Cs	55
Pr	59
Tb	65
Ho	67
Tm	69
Au	79
Bi	83
Summe	**813**

Diese **813** kommt im Zusammenhang mit 1 Isotop, also einer *ungeraden* Zahl vor. Zuvor wurde die **41** als Anzahl *ungerader* Zahlen von 1 - 81 ermittelt. Nachdem wir ja nach gemeinsamen Eigenschaften suchen, bietet es sich an, beide einfach zu multiplizieren. Das Ergebnis 813 · 41 = **33333** ist sehr interessant. Ein Vergleich mit 1/3 (0,33333) bietet sich hierbei an.

Jetzt muss natürlich auch eine Summenbildung für Elemente mit *2 Isotopen* erfolgen. Die 2 kann mit dem Begriff *gerade* in Verbindung gebracht werden. Hier ergibt die Protonensumme 834 (bei Bedarf im Anhang ansehen). Die Anzahl an *geraden* Zahlen von 1 − 81 ergibt 40, die sich damit wieder als Multiplikator anbietet. Da sowohl die 40 als auch die 834 gerade Zahlen sind, sollte jetzt niemand erwarten, bei der Multiplikation eine ungerade Zahl wie 33333 zu erhalten. Eine Division zeigt aber, wie nah wir davon entfernt sind. Denn 33333 geteilt durch 40 ergibt 833,325. Unter diesen Rahmenbedingungen damit so nah an der 834 wie nur möglich.

Merkmal	Isotope	Protonen	1 bis 81	Ergebnis
Ungerade	1	813	· 41 =	
Gerade	2	834	· 40 ≈	33333

Hier kann ein Zusammenhang zwischen gerade/ungerade sowie der Verbindungszahl 3 (i.d.F. als Kehrwert) festgestellt werden. Die 41 und 813 werden ebenfalls in den Club der *Verbindungszahlen* aufgenommen. Ich kann jetzt schon sagen, dass sie noch eine große Rolle spielen.

Anzahl Isotope

Zuvor wurden die Protonen gezählt. Jetzt sind die Isotope und die Anzahl der zugeordneten Elemente dran. Hier gibt es Auffälligkeit, die die Bewegung der Erde betreffen. Es geht um die Zeit. Wie lange dauert ein Tag in Sekunden und wie lange dauert ein Schaltjahr in Tagen?

Die Zahl 86.400 ist die Anzahl der Sekunden am Tag. In der folgenden Tabelle zeigt sich diese. Dabei kommt wieder die bewährte 2 : 3 Einteilung zum Einsatz. Die Konzentration erfolgt diesmal auf die geraden Isotope. Ein kleiner rechnerischer Umweg (Quadrierung und Multiplikation) ist zwar nötig, aber dann ist sie zu sehen.

Isotope und Elemente	Ergebnis	
1^2 Isotope · 20 Elemente	20	
2^2 Isotope · 21 Elemente		84
3^2 Isotope · 7 Elemente	63	
4^2 Isotope · 6 Elemente		96
Summe		***180***
5^2 Isotope · 6 Elemente	150	
6^2 Isotope · 7 Elemente		252
7^2 Isotope · 10 Elemente	490	
8^2 Isotope · 2 Elemente		128
9^2 Isotope · 1 Element	81	
10^2 Isotope · 1 Element		100
Summe		***480***
*Produkt aus **180 · 480***		**86.400**

Falls das noch als Zufall betrachtet wird, liefere ich jetzt mit den gleichen Zahlen (diesmal ohne Ausschluss der ungeraden Isotopen) die Angaben zum Schaltjahr. Ein Schaltjahr besteht aus **366** Tagen. Es kommt alle 4 Jahre vor. Auch diese Zahl wird in der folgenden Tabelle (mit Hilfe der 4 als Teiler) genau erreicht.

Isotope und Elemente	Ergebnis
1^2 Isotop · 20 Elemente	20
2^2 Isotope · 21 Elemente	84
3^2 Isotope · 7 Elemente	63
4^2 Isotope · 6 Elemente	96
5^2 Isotope · 6 Elemente	150
6^2 Isotope · 7 Elemente	252
7^2 Isotope · 10 Elemente	490
8^2 Isotope · 2 Elemente	128
9^2 Isotope · 1 Element	81
10^2 Isotope · 1 Element	100
Summe	*1464*
¼ der Summe	**366**

Die 366 ist zusätzlich auch im Zusammenhang mit einem Viertelkreis vorgekommen. Beide Auffälligkeiten (366, 86400) erscheinen unter der gleichen Betrachtungsweise der Isotope. Sie betreffen die Rotation der Erde *sowie* deren Bewegung um die Sonne. Ein gemeinsamer mathematischer Hintergrund kann hier vermutet werden.

<u>Länge</u>

Von der Anzahl kommen wir nun zur Länge. Die Materiewellenlänge wurde schon im Kapitel Naturgesetze vorgestellt. Sie hängt von der Masse ab. Da Elemente eine unterschiedliche Anzahl von Neutronen haben und diese die Masse entscheidend beeinflussen, stellt sich natürlich die Frage, wie eigentlich die Masse pro Element festgelegt wird. Dabei spielt der Mittelwert eine Rolle.

Entsprechend dem relativen Anteil der einzelnen Isotope für jedes Element wird ein Mittelwert als Atommasse errechnet. Dieser wird dann als Masse pro Element angegeben.

Nach bewährten Verfahren wird wieder eine Summe pro Isotopenanzahl gebildet. Neben der Summen der Masse aller stabilen Elemente wird auch die errechnete Materiewellenlänge dargestellt.

Isotope	Masse stabile Elemente	Materiewellenlänge
1	3,19961 |-24	6,90772 |-019
2	3,31432 |-24	6,66865 |-019
3	2,98305 |-25	7,40921 |-018
4	9,54543 |-25	2,31546 |-018
5	8,62929 |-25	2,56128 |-018
6	1,41171 |-24	1,56562 |-018
7	2,51167 |-24	8,79973 |-019
8	3,98536 |-25	5,54581 |-018
9	2,18032 |-25	1,01370 |-017
10	1,97109 |-25	1,12131 |-017

<u>Hinweis</u>: Masse in kg, Materiewellenlänge in Meter

Damit liegt jetzt eine Länge vor. Die Details zu den einzelnen Elementen sind im Anhang. Jetzt wird wieder aufgeteilt, um weitere Verbindungszahlen zu finden. Dabei berücksichtige ich wieder die Unterscheidung nach gerade und ungerade sowie die 2 : 3 Einteilung. In der rechten Spalte habe ich den Vergleich dargestellt. Dabei wurde gerundet und die Zehnerpotenz als eigenständige weitere Verbindungszahl nicht extra aufgeführt. Das Ergebnis kann sich sehen lassen.

Isotope	Materiewellenlänge in Meter		Vergleich
1		6,90772 |-019	
2	6,66865 |-019		
3		7,40921 |-018	
Summe		**8,09998 |-018**	**81**
4	2,31546 |-018		
5		2,56128 |-018	
6	1,56562 |-018		
7		8,79973 |-019	
8	5,54581 |-018		
9		1,01370 |-017	
10	1,12131 |-017		
Summe		**1,35783 |-017**	**13579**

Im Kapitel Mathematik wurde der Kehrwert von 81 (0,012345) mit den Vergrößerungsstufen eines wachsenden Quadrates verglichen, dargestellt in einer einzigen Zahl. Danach wurden auch die ungeraden Zahlen als einzige Zahl (13579 = 1234 + 12345) mit dem Vergrößerungsanteil eines wachsenden Quadrates verglichen. Jetzt taucht beides im Mikrokosmos bei der gleichen Betrachtungsmethode auf. Die erste Summe (Isotope 1 und 3) liefert die bekannte Verbindungszahl $3^4 = $ **81**. Die zweite Summe (Isotope 5, 7 und 9) liefert die Verbindungszahl **13579**. Diese erscheint sogar *nochmals* bei der Addition von 1 und 2 Isotopen und verstärkt damit meine Vermutung - kein Zufall.

Isotope	Materiewellenlänge in Meter	Vergleich
1	6,90772 |-019	
2	6,66865 |-019	
Summe	**1,35764 |-018**	**13579**

Bei diesen beiden Isotopen 1 und 2 wurde bereits am Anfang des Kapitels festgestellt, dass dort fast *alle* Elemente mit einer ungeraden Protonenanzahl vertreten sind. Diese gemeinsame Eigenschaft führte zur gemeinsamen Betrachtung und lieferte dabei gleich zwei neue Verbindungszahlen (41 und 813). Jetzt zeigt sich beim Wechsel der Betrachtung von einer Anzahl (Protonen) zu einer Länge (Materiewellenlänge) wieder eine Verbindungszahl (13579). Die Strategie wird damit bestätigt.

Die 81 ist eigentlich als *Anzahl* stabiler Elemente bekannt. Nun auch bei einer *Länge* (Materiewellenlänge). Interessant ist, dass diese Auffälligkeiten in der Summenbildung auftreten, obwohl wir von Mittelwerten ausgingen. Wir haben die Werte von genau 81 Elemente mit deren Mittelwert nach dem relativen Anteil der einzelnen Isotope verwendet. Jetzt ist die Frage zu klären, ob sich bei einer genauen Analyse aller stabilen Element mit jedem *einzelnen* Isotop ebenfalls Besonderheiten offenbaren.

Zuvor wurde die relative Masse pro Element angegeben. Abgesehen von den Reinelementen (1 Isotop) haben alle anderen Elemente mehrere Isotope. Nachdem wir zuvor 81 Element mit ihrer durchschnittlichen Masse betrachtet haben, soll jetzt der Wert für jedes einzelne stabile Isotop der Elemente ebenfalls berücksichtigt werden. Diese individuelle *Masse pro Isotop* wird jetzt betrachtet. Die Details für jedes Isotop sind wie immer im Anhang zu finden. Hier zeige ich die einzelnen Summen inklusive Materiewellenlänge.

Isotope	Protonen	Atommasse	Materiewellenlänge
1	*813*	3,1997 |-24	6,90752 |-19
2	1668	6,62387 |-24	3,33672 |-19
3	261	9,11053 |-25	2,42599 |-18
4	976	3,80859 |-24	5,8032 |-19
5	1130	4,35222 |-24	5,07834 |-19
6	2124	8,43766 |-24	2,61945 |-19
7	4340	1,74473 |-23	1,26679 |-19
8	800	3,1326 |-24	7,05549 |-19
9	486	1,94144 |-24	1,13843 |-18
10	500	1,95288 |-24	1,13177 |-18

<u>Hinweis</u>: Darstellung der Summe pro Isotopenanzahl, Atommasse in kg

Bei 1 Isotop ist die Anzahl der Protonen identisch mit der früheren Tabelle. Es sind *813*. Aber schon bei 2 Isotopen fällt auf, dass wir gegenüber früher nicht mehr die Anzahl von 834 Protonen haben. Jetzt sind es, da wir ja die Werte aller Isotope zählen, insgesamt 1668 Protonen. Dies nur als Beispiel um den Unterschied zur früheren Analyse deutlicher zu zeigen. Damit ändert sich natürlich auch die Summe der Materiewellenlänge.

Natürlich bietet es sich an, auch dabei wieder alles zu addieren. Dann erscheint allerdings zunächst keine besondere Zahl. Eine kleine, begründbare Ergänzung hilft aber weiter. Diese Ergänzung betrifft die 40 und 41. Beide bilden eine Verbindung zwischen den Elementen mit 1 und 2 Isotopen und der Zahl 33333. Auch in diesem Fall helfen sie. Diesmal muss die Summe mit dem Bruch 41/40 multipliziert werden. Das Ergebnis kann sich sehen lassen.

Isotope	Summe Atommasse	Materiewellenlänge
1	3,1997 |-24	6,90752 |-19
2	6,62387 |-24	3,33672 |-19
3	9,11053 |-25	2,42599 |-18
4	3,80859 |-24	5,8032 |-19
5	4,35222 |-24	5,07834 |-19
6	8,43766 |-24	2,61945 |-19
7	1,74473 |-23	1,26679 |-19
8	3,1326 |-24	7,05549 |-19
9	1,94144 |-24	1,13843 |-18
10	1,95288 |-24	1,13177 |-18
Summe		**7,90294 |-18**
Summe $\cdot \frac{41}{40}$		**8,10051 |-18**

So ergibt sich wieder ein Hinweis auf die Verbindungszahl 3^4 = 81. Und es geht noch weiter. Ich hatte im Kapitel Naturgesetze eine Formel gezeigt, welche die Masse mit der Lichtgeschwindigkeit und dem planckschen Wirkungsquantum auf eine Stufe stellt. Abgekürzt bezeichne ich sie als MLP. Diese kommt jetzt ebenfalls zum Einsatz. Natürlich wie immer, bei der Summenbildung:

Isotope	Summe Atommasse in kg	MLP
1	3,19970 |-24	1,57333 |-20
2	6,62387 |-24	7,60007 |-21
3	9,11053 |-25	5,52568 |-20
4	3,80859 |-24	1,32180 |-20
5	4,35222 |-24	1,15669 |-20
6	8,43766 |-24	5,96633 |-21
7	1,74473 |-23	2,88537 |-21
8	3,13260 |-24	1,60703 |-20
9	1,94144 |-24	2,59302 |-20
10	1,95288 |-24	2,57783 |-20
Summe MLP		**1,80005 |-19**

Die 18 ist seither noch nicht aufgetaucht. Multiplikation und Addition der Verbindungszahl 3^2 ergeben einmal die **81** (9 · 9) und einmal die **18** (9 + 9). Die 18 half mir bei der Suche nach dem möglichen Hintergrund einer Naturkonstante. Bei den Formeln zur Ermittlung der Materiewellenlänge war immer die Lichtgeschwindigkeit und das plancksche Wirkungsquantum enthalten. Die Lichtgeschwindigkeit wurde bereits im ersten Kapitel mit der 3 in Verbindung gebracht und wird später nochmal genauer betrachtet. Das plancksche Wirkungsquantum ist schon jetzt dran. Ich zeige dabei nur einen möglichen mathematischen Hintergrund, der aus den Verbindungszahlen besteht und vielleicht eine Bedeutung hat.

Das Thema Quadrat (9^2 = 81) passt gut zum Begriff Quadratwurzel. Die 41 als Anzahl ungerader Zahlen von 1 bis 81 (9 · 9) wird ebenfalls gleich benötigt. Sie hat auch noch eine weitere Bedeutung, die sich später zeigen wird. Die zuletzt gefundene 18 (9 + 9) kommt noch dazu. Dann haben wir einen möglichen mathematischen Hintergrund für das plancksche Wirkungsquantum.

$$\text{Plancksches Wirkungsquantum} = \sqrt{\frac{18}{41}} = 0{,}662589$$

Der tatsächliche, gemessene Wert liegt mit 0,6626 recht nahe. Die beteiligte Zehnerpotenz und die restlichen Stellen nach dem Komma werden wie immer nicht extra aufgeführt. Kleine Abweichungen zu dem tatsächlich gemessenen Wert können bedeuten, dass noch andere Einflüsse der Naturgesetze dazukommen. Es wäre ein Zwischenschritt, ähnlich wie die Entdeckung des Atoms ein Zwischenschritt zu den Elementarteilchen war. Natürlich kann es auch anders sein, aber ich will es nicht unterschlagen.

Es geht weiter. Die vielen Hinweise auf die Bedeutung der 9 bzw. 81 waren wichtig. In der Natur kommt aber auch das Teilen und Verdoppeln häufig vor. Unter diesem Gesichtspunkt sollten wir ebenfalls die Elemente betrachten. Vom Thema 81 stabile Elemente wechseln wir jetzt zur Betrachtung der 84 Elemente, die nach meinen Erkenntnissen eine Einheit bilden. Ich bezeichne sie deshalb auch als Elementeblock 84.

Elementeblock 84

Von den 81 stabilen Elementen bildet das Element 83 das Schlusslicht. 83 lässt sich schlecht teilen, 84 schon und ergibt halbiert die 42. Im Kapitel Mathematik wurde schon auf die Besonderheit der 42 hingewiesen. Eine primär pseudovollkommene Zahl. Eine Gegenüberstellung von 42 zu 42 Elementen (= Elementeblock 84) bringt den Begriff Verdopplung ins Spiel, der auch in den Naturgesetzen eine große Rolle spielt. Zusätzlich ist die 84 auch im Zusammenhang zwischen der 16 (= 2^4) und dem quadrierten Vergrößerungsanteil eines Quadrates ($1^2 + 3^2 + 5^2 + 7^2 = 84$) bekannt. Sie passt damit sehr gut zur 81 (= 3^4).

Die Tabelle mit den 84 Elementen wurde am Anfang dieses Kapitels vorgestellt, weil sie eine wichtige Grundlage bildet. Durch diese Betrachtungsweise haben wir in einer Tabelle sowohl 81 stabile als auch 3 instabile Elemente vereint. Dass auch diese 3 instabilen Elemente einen wesentlichen Bestandteil des Elementeblockes 84 bilden, wird sich noch später zeigen.

Auf den folgenden Seiten wird zunächst die *Teilbarkeit* betrachtet. Die Anzahl der Isotope spielt dabei eine Rolle. Danach wird eine Art *Mitte der Elemente* gezeigt.

Teilbarkeit und Takt

In der ersten Einteilung bilden die 6 und 42 eine grundlegende Rolle. Im Kapitel Mathematik wurden die besondere Eigenschaften dieser primär pseudovollkommenen Zahlen bereits dargestellt. Untergliedert in zwei Blöcke zu je 42 Elemente, werden in der folgenden Tabelle nur Elemente angezeigt, deren Protonenzahl durch 6 teilbar ist. Bei diesen wird dann die Anzahl der Isotope betrachtet. Das Ergebnis ist interessant.

42 Elemente (1 – 42)		42 Elemente (43 – 84)		
Element	*Isotope*	Element	*Isotope*	
6	3	48		8
12	3	54		9
18	3	60	3 + 7 =	10*
24	4	66	4 + 7 =	11*
30	5	72	6	
36	6	78	6 + 6 =	12*
42	7	84		-

<u>Allgemein</u>: Auswahl Elemente, die durch 6 teilbar sind.
*Addition Isotope linke + rechte Spalte, näheres in Beschreibung

Mit der 3 beginnend, zeigt der 6er Takt die fortlaufenden Zahlen **3, 4, 5, 6, 7, 8, 9, 10, 11, 12**. Die Zahlen 10, 11 und 12 sind allerdings nicht direkt zu erkennen. Sie werden indirekt, durch Addition der Werte in der linken Spalte, ermittelt. Beispiel: Element 18 hat 3 Isotope und rechts daneben steht Element 60 mit 7 Isotopen. Addiert ergeben beide die 10 (3 Isotope + 7 Isotope). Element 72 versaut leider die lückenlose Folge etwas. Dass es hier aus der Reihe tanzt, hat einfach den Grund, dass seine Isotopenzahl von 6 an anderer Stelle wichtig ist und es nicht auf zwei Hochzeiten gleichzeitig sein kann. Dafür rettet Element 78 die Situation. Hier zeigt sich, dass auch die Naturgesetze von Prioritäten geleitet werden. Bei mehreren Zielen ist entscheidend, ob etwas übergeordnet ist. Ein Laserstrahl bildet eine „gerade Linie" – außer eine große Gravitationskraft zwingt ihn um eine Kurve. Diese ist übergeordnet und sobald er deren Einfluss wieder verlässt, geht es wieder in „gerader Linie" weiter.

Natürlich ist es wichtig zu wissen, wo denn die 6 Isotope für Element 72 so dringend benötigt werden. Auch das ist erklärbar. Ich habe den Elementeblock 84 seither halbiert und in 2 · 42 Elementen aufgeteilt dargestellt. Jetzt wiederhole ich das gleiche Prinzip mit der 42. Die 42 wird auf 2 · 21 Elemente halbiert. Damit entstehen 4 Blöcke mit jeweils 21 Elemente. Aus Platzgründen zeige ich nur die relevanten Elemente. Wie schon zuvor, liefert auch hier ein 6er Abstand der Protonen eine Auffälligkeit.

		Element	*Isotope*	Element	*Isotope*	Summe *Isotope*
84 Elemente	**1 - 42**	1 - 21		22 - 42		**4**
		6	3	27	1	
		12	3	33	1	
		18	3	39	1	
	43 - 84	43 - 63		64 - 84		**8**
		45	1	66	7	
		51	2	72	6	
		57	2	78	6	

Pro Zeile beträgt die Summe der *Isotope* (links und rechts addiert) im ersten Block **4** und im zweiten Block genau doppelt so viel, nämlich **8**. Dass nochmals eine interessante Konstellation in einem 6er Takt auftritt und auch wieder die 42 (bzw. 2 · 21) beteiligt ist, dürfte wohl kaum ein Zufall sein. Gleichzeitig wurden auch die Verbindungszahlen $2^2 = 4$ und $2^3 = 8$ im Zusammenhang mit dem Prinzip der Verdopplung gefunden. In der letzten Seite im Anhang ist die vollständige Tabelle dargestellt. Die mögliche Frage, warum in o.g. Darstellung zwischen Element 18 und 27 sowie 57 und 66 mehr als 6 Protonen Abstand bestehen, dürfte bei Betrachtung beantwortet sein. Bei Bedarf einfach ansehen.

Ich finde das war jetzt schon sehr interessant. Neben dem zuvor dargestellten 6er Takt sollte aber auch einmal der 3er Takt betrachtet werden. Vielleicht bietet der auch etwas. In der folgenden Tabelle werden alle Elemente gezeigt, deren Protonenzahl *nicht* durch 3 teilbar ist. Wie immer, erfolgt auch hier die Halbierung der 84 Elemente in 2 Blöcke zu je 42.

Elemente 1 – 42		Elemente 43 - 84	
Isotope	Element	*Isotope*	Element
2	1	*0*	43
2	2	7	44
1	4	6	46
2	5	2	47
2	7	2	49
3	8	*10*	50
3	10	8	52
1	11	*1*	53
1	13	*1*	55
3	14	7	56
4	16	4	58
2	17	*1*	59
3	19	*0*	61
6	20	7	62
5	22	7	64
2	23	*1*	65
1	25	*1*	67
4	26	6	68
5	28	7	70
2	29	2	71
2	31	2	73
5	32	5	74
6	34	7	76
2	35	2	77
2	37	*1*	79
4	38	7	80
5	40	4	82
1	41	*1*	83
Summe			
81	$588 = 42^2 / 3$	$\leftarrow$	$1764 = 42^2$

Hinweis: Anzeige Elemente, die <u>nicht</u> durch 3 teilbar sind.

Die Summe der *Isotope* im ersten, linken Block (Elemente 1 – 42) ergibt **81**. Das ist schon ein Hinweis auf unsere Verbindungszahl 3^4. Rechts bei den Elementen besteht ein Bezug zur **42** und zur **3**. Im Gegensatz zur Isotopensumme, ist dieser rechte Teil rein mathematischer Natur. Es sind einfach die fortlaufenden Zahlen von 1 bis 84, die nach Aufteilung in 2 mal 42 zusätzlich auf die nicht durch 3 teilbaren Zahlen reduziert wurden. Auf der einen Seite mathematische Spielregeln, die eine Verbindung zwischen der 3 und 42 herstellen und auf der anderen Seite ein Bezug zur 3^4 in der Welt der Naturgesetze. Die Verbindungszahlen zeigen sich gerne, wenn eine Einteilung in $2 \cdot 42$ Elemente erfolgt.

Mitte

Bisher bildete immer ein Takt und/oder eine Summe die Grundlage zur Suche nach Verbindungszahlen. Die Frage, ob diese auch in einer Art „Mitte" zu finden sind, ist noch offen. Das wird jetzt untersucht. Die Basis bleibt dabei unverändert der Elementeblock 84.

Die Rahmenbedingungen für die erste Betrachtung orientieren sich an einen Spiegel. Gesucht werden Elemente in den Blöcken $2 \cdot 42$, die sich gegenüberstehen und die gleiche Isotopenanzahl haben. Das wäre die erste Spiegelung rechts und links.

Zusätzlich soll auch eine zweite Spiegelung nach oben und unten erfolgen. Dies bedeutet, ausgehende von einer Mitte, soll sich darüber und darunter die gleiche Isotopenanzahl spiegeln. Die folgende Tabelle zeigt, welche Elemente diese Voraussetzungen erfüllen.

42 Elemente (1 – 42)		42 Elemente (43 – 84)
Element	◄ Isotope ►	Element
5	2	47
7	2	49
11	1	53
13	1	55
16	4	58
25	1	67
27	1	69
29	2	71
31	2	73
$\Sigma\ 164 = 2^2 \cdot$ **41**	$\Sigma\ 2^4 =$ **16**	$\Sigma\ 542 = 2 \cdot$ **271**

Die Summenbildung liefert auch unter diesen Rahmenbedingungen Verbindungszahlen. Nachdem in letzter Zeit die $3^4 = 81$ recht oft auftauchte, zeigt sich jetzt mal wieder die **4** ($=2^2$). Sie bildet die *Mitte* bei der Isotopenanzahl.

Die Summe der Isotope beträgt **16**. Also die 2^4 als Gegenstück zur 3^4. Die 16 taucht sogar noch einmal als Element in der Zeile mit den **4** Isotopen als *Mitte* auf. Das kann natürlich Zufall sein, aber es schadet nicht darauf hinzuweisen.

Jetzt zur Protonensumme. Diese zeigt zwei alte Bekannte. Um sie zu bemerken, ist eine Primfaktorenzerlegung nötig. Dabei erscheinen neben der 2 auch die **41** und **271**. Beide sind schon früher *gemeinsam* aufgetreten. Die 271 wurde bereits indirekt durch die **813** (3 · 271 = 813) im Zusammenhang mit der 41 vorgestellt. Die Betrachtung erfolgte aufgrund der besonders auffälligen Beziehung zur 33333 (813 · 41 = 33333). Die 41 und 271 bzw. 813 spielen wie schon früher angekündigt eine wichtige Rolle, daher bitte merken.

Es gibt noch mehr zu sehen. Eine weitere *Mitte* bildet die 40 ($2^2 \cdot 10$). Diesmal erscheint sie nicht beim Spiegeln, sondern beim Thema ungerade Zahlen. Nachdem die 42 bezüglich der Anordnung der 84 Elemente interessante Ergebnisse zeigte, wollte ich auch mal eine andere Aufteilung betrachten. 84 lässt sich ja nicht nur durch 42 teilen. Nachdem der 6er Takt früher schon geholfen hat, wäre es an der Zeit, die 84 auch mal durch 6 zu teilen. Das Ergebnis $6 \cdot 14 = 84$ zeigt eine neue Einteilung. Einfach mal ansehen. Die erste Zahl gibt die Isotope an, die Protonen stehen dahinter in Klammern. Das Wesentliche habe ich wie immer markiert und Zeilen ohne Besonderheit weggelassen.

6 · 14 = 84 Elemente						
	1	**2**	**3**	**4**	**5**	**6**
1 - 8	Zeilen 1 – 8 ohne Besonderheit					
9	1 (9)	2 (23)	2 (37)	2 (51)	1 (65)	1 (79)
10	**3 (10)**	4 (24)	4 (38)	8 (52)	**7 (66)**	7 (80)
11	1 (11)	1 (25)	1 (39)	1 (53)	1 (67)	2 (81)
12	3 (12)	4 (26)	**5 (40)**	9 (54)	6 (68)	4 (82)
13	1 (13)	1 (27)	1 (41)	1 (55)	1 (69)	1 (83)
14	**3 (14)**	5 (28)	7 (42)	7 (56)	**7 (70)**	0 (84)

Vor einer Bewertung und Beschreibung kommt vorab eine zweite Einteilung. Die $7 \cdot 12$ ergibt ebenfalls 84 und sollte deshalb auch betrachtet werden. Sie liefert ein vergleichbares Ergebnis.

7 · 12 = 84 Elemente						
	1	**2**	**3**	**4**	**5**	**6**	**7**
1	2 (1)	1 (13)	1 (25)	2 (37)	2 (49)	0 (61)	2 (73)
2	2 (2)	**3 (14)**	4 (26)	4 (38)	10 (50)	**7 (62)**	5 (74)
3	2 (3)	1 (15)	1 (27)	1 (39)	2 (51)	2 (63)	2 (75)
4	1 (4)	4 (16)	5 (28)	**5 (40)**	8 (52)	7 (64)	7 (76)
5	2 (5)	2 (17)	2 (29)	1 (41)	1 (53)	1 (65)	2 (77)
6	3 (6)	**3 (18)**	5 (30)	7 (42)	9 (54)	**7 (66)**	6 (78)
7	2 (7)	3 (19)	2 (31)	0 (43)	1 (55)	1 (67)	1 (79)
8 - 12	Zeilen 8 – 12 ohne Besonderheit						

Die markieren Zellen zeigen für *beide* Tabellen eine Anordnung der Isotope in der Reihenfolge **3 5 7**. Das Element **40** bildet dabei das Zentrum, gültig für *beide* Tabellen. Zwei weitere Elemente (14 und 66) sind ebenfalls in *beiden* Tabellen enthalten. Um das Element 40 als Zentrum sind damit insgesamt **6** Elemente angeordnet (10, 14, 18, 62, 66, 70). Es sieht so aus, als ob diese 6 Elemente um 1 Zentrum eine Einheit bilden bzw. den gleichen mathematischen Hintergrund haben. Ähnlich wie bei der Betrachtung von Interferenzmustern von Hologrammen, ist der Zusammenhang nur indirekt zu erkennen. Die 6 Elemente sind nur über zwei Tabellen zu finden.

Die auffällige Isotopenfolge 3, 5 und 7 eignet sich für einen Vergleich mit den ungeraden Zahlen. Dieser ist aber leider nicht perfekt. Warum beginnt es mit der 3 und nicht mit der 1? Besser wäre doch 1 – 3 – 5. Grundlage von allem ist die Berücksichtigung von 84 Elementen, die als Einheit betrachtet werden. Beim Thema Einheit sollte auch mal die Summe aller Zahlen von 1 bis 84 (1 + 2 … + 84) ermittelt werden. Diese ergibt **3570**. Hier erscheint die 3 5 7 (· 10) als ganze Zahl. Vielleicht mehr als ein Zufall. Einzelne losgelöste Zahlen plötzlich in einer Zahl darzustellen ist nicht neu. Im Kapitel Mathematik habe ich mit Hinweis auf das Dezimalsystem den Kehrwert von 81 dargestellt: 0,012345679. Und die 81 spielt bei den Elementen mehrfach eine wichtige Rolle. Sogar die ungeraden Zahlen, dargestellt in einer Zahl, kamen im gleichen Zusammenhang ebenfalls vor (Summe Materiewellenlänge 1357). Die 84 liefert damit ebenfalls ungerade Zahlen in einer Zahl und wurde auch im Zusammenhang mit den Elementen gefunden. Es ist zumindest eine Überlegung.

Nach den vielen Tabellen wird es jetzt Zeit, nach einem Zusammenhang zu suchen. Gibt es eine Formel, die auffällige Zahlen aus der Mathematik und dem Mikrokosmos zusammenbringt?

Mikrokosmos und Mathematik

Sowohl die 81 als auch die 84 sind Verbindungszahlen. Beide bildeten seither die Grundlage für Auffälligkeiten. Mal bei der Zählung von Protonen, mal bei der Addition der Materiewellenlänge, mal bei der Gegenüberstellung in Tabellenform, bei der Markierung auffälliger Zahlenfolgen und so weiter. Wie beide zusammengehören, werde ich jetzt erläutern.

Zieht man von den 84 Elementen die darin enthaltenen 3 instabilen Isotope ab, erhält man als Ergebnis die 81 stabilen Elemente. Die Protonenanzahl der 3 instabilen Elemente (43, 61, 84) bildet einen Teil der Formel, der die 81 und 84 verbindet.

Einen weiteren Teil bildet die Verbindungszahl 813, die im Zusammenhang mit den Reinelementen und ungeraden Zahlen (41) aufgetaucht ist. Sie ist auch ein weiteres Mal bei der Darstellung der Mitte (Spiegelung um Element 16) bemerkt worden. Rein mathematisch lässt sie sich über 33333/41 herleiten.

Die letzte relevante Zahl ergibt sich durch eine Summenbildung. Die Summe aller Zahlen von 1 bis 84 kennen wir schon. Die Summe von 1 bis 81 noch nicht. Das Ergebnis ist 3321 (81 · 41) und ebenfalls in der Formel enthalten.

Damit hätten wir alles. Zur leichteren Zuordnung in die noch folgende Tabelle wähle ich mehrere Formatierungsarten. Zusammengefasst ist folgendes zu betrachten:

- **84** als zusammenhängender Elementeblock mit
  - 81 stabilen Elementen
  - 3 instabilen Elementen
    - **43**
    - **61**
    - **84**

- **813** als Summe der Protonen der Reinelemente (= 1 Isotop)

- **3321** als Summe der Zahlen 1 bis 81

Alle Zahlen haben als Gemeinsamkeit, dass sie Themen mit Extremwerten vollständig abbilden (<u>alle</u> Reinelemente, <u>alle</u> stabilen und instabilen Elemente aus dem Elementeblock 84, <u>alle</u> Zahlen von 1 bis 81). Ich habe nicht einfach *unpassende* Zahlen aus dem gleichen Thema weggelassen. Mit diesen lässt sich eine Gemeinsamkeit zwischen dem Mikrokosmos und der Mathematik darstellen. Die folgende Gegenüberstellung macht den Zusammenhang sichtbar.

84 Elemente	
Mikrokosmos	**Mathematik**
3 instabile Elemente: **43**, **61**, **84** 81 stabile Elemente: $1 + 2 + \cdots + 81 = \mathbf{3321}$ Reinelemente: Protonensumme: 813	$\dfrac{3}{813} \cdot \mathbf{43} \cdot \mathbf{61} \cdot \mathbf{84} = 813{,}0332103$

Die Verbindung zwischen den 81 stabilen (Summenzahl 3321) und den 3 instabilen Elementen, sowie dem Elementeblock 84 ist zu erkennen. Ein paar weitere Zusammenhänge will ich ebenfalls zeigen.

Zahlen	Zusammenhänge
• 41	$\dfrac{1}{3 \cdot \mathbf{41}} = 0{,}00\mathbf{81}300\mathbf{813}$
• 813	$\dfrac{1}{3 \cdot \mathbf{813}} = 0{,}000\mathbf{41}000\mathbf{41}$
• 81 (3321)	$\dfrac{\sqrt{81} \cdot 3}{\mathbf{813}} = 0{,}0332103321$

Hier ist zu sehen, dass die 813 und 41 vergleichbar mit zwei Seiten einer Münze sind. Mit Hilfe der 3 und dem Kehrwert findet man von einer der beiden Zahlen zur anderen. Hier allerdings als Dezimalzahl mit Wiederholung in unterschiedlichen Größenordnungen. Solche Wiederholungen lassen sich durch eine etwas andere Darstellung auch vermeiden. Die Beziehung zwischen der 81 und 813 zeigt sich ebenfalls. Eine alternative Darstellung folgt natürlich noch, nur später. Diese zeigt dann gleichzeitig noch weitere Erkenntnisse.

Zusammenfassung und Rückblick

Durch unterschiedliche Einteilungen (gerade, ungerade, 2 : 3, 2 · 42, 3er und 6er Takt) konnten fast alle Verbindungszahlen aus dem Kapitel Mathematik gefunden werden. Sie erschienen an unterschiedlichen Stellen. Mal als Anzahl Isotope, mal als Anzahl Protonen oder auch in Form der Materiewellenlänge.

Der Mikrokosmos zeigte zusätzlich auch zwei neue Verbindungszahlen. Die 41 und 813 (bzw. 271), die als Produkt 33333 (bzw. 11111) ergeben und über ihren Kehrwert mehr oder weniger austauschbar sind. Diese halfen, den Zusammenhang zwischen der Einteilung in 81 stabile und 3 instabile Elemente darzustellen. Der Elementeblock 84 wird damit zurecht als Einheit betrachtet. Die Protonenanzahl der instabilen Elemente 43, 61 und 84 kann mit Hilfe der neuen Verbindungszahl 813 rein mathematisch in einen Gesamtzusammenhang zu diesen Elementeblock 84 gebracht werden.

Im Mikrokosmos haben sich damit überwiegend die natürlichen Zahlen gezeigt. Jetzt geht es weiter zum Makrokosmos. Dort kommen noch die irrationalen Zahlen hinzu. Das sind Phi (0,618) und Pi (Stichwort Viertelkreis: 0,2732). Beide werden mehr oder weniger genau über die 12 verbunden, die natürlich ebenfalls dabei ist. Lassen sie sich überraschen.

Kapitel 5 - Makrokosmos

Die Gesamtbetrachtung im vorherigen Kapitel hat sich bewährt. Durch die Summenbildung zeigten sich interessante Hinweise. Dieses Prinzip wird im Makrokosmos natürlich fortgesetzt. Genauso wird auch wieder zwischen geraden und ungeraden Zahlen unterschieden. Die Zehnerpotenz wird bei den Vergleichen wie immer nicht jedes Mal als ergänzende Verbindungszahl aufgeführt. Bewährtes wird einfach beibehalten. Im Makrokosmos ist nur zu beachten, dass nicht immer so genaue Übereinstimmungen mit den Verbindungszahlen wie im Mikrokosmos zu finden sind. Die Menge wird dafür zeigen, dass nicht alles Zufall sein kann.

Die Daten der Erde bildeten seither eine wichtige Grundlage dieses Buches. Daher wird zunächst die Erde zusammen mit dem Mond und der Sonne als kleine Einheit betrachtet. Danach folgt das Sonnensystem komplett.

Sonne – Erde - Mond

Für ein reichhaltiges und langes Leben sind zwingend die Erde, der Mond und die Sonne nötig. Diese drei bieten stabile Verhältnisse und werden daher als erstes betrachtet. Finden wir auch hier die gleichen Verbindungszahlen wie im Mikrokosmos? Neben der Zehnerpotenz, die überall beteiligt ist, zeigte uns der Mikrokosmos die 41 und 813. Finden sich diese auch im Makrokosmos?

Betrachten wir einmal das Masseverhältnis Erde – Mond.

	Erde	Mond
Verhältnis	5,9742 |+24*	7,34827 |+22*
	813	**10**

*Kilogramm, darunter als Verhältniszahl

Hier sind schon die ersten Treffer, die **813** und die **10**. Ist in der Nähe auch die 41? Meine Suche erweiterte ich auf verschiedene Werte im System Erde - Mond. Bei der Radialbeschleunigung des Mondes (bei dessen Rotation!) wurde ich fündig:

Bezeichnung	Beschleunigung*	Vergleich
Mond	1,23 |-05	**3 · 41**

*Radialbeschleunigung der Rotation in m/s^2

Die fehlende **41** war also nicht weit weg. Sowohl die 813 als auch die 41 finden sich damit im Erde–Mond-System. Da die Radialbeschleunigung von der Rotationszeit des Mondes und seiner Größe abhängig ist, liegt es nahe, dass diese Größen mehr als nur Zufall sind. Es ist zu erkennen, dass sich die Werte aus dem Mikrokosmos im Makrokosmos wiederholen, nur einfach unter anderen Begriffen. Statt unter Materiewellenlänge oder Anzahl Protonen erscheinen diese jetzt unter Beschleunigung oder Kilogramm.

Bis hier haben wir die gleichen Verbindungszahlen aus dem Mikrokosmos wiedergefunden und mussten in unserem Sonnensystem nicht mal über die Erde hinaus gehen. Es geht aber noch weiter.

Im Kapitel Mathematik wurde schon der Viertelkreis im Quadrat im Zusammenhang mit der Erde und der Kreisgleichung betrachtet. Dabei wurde die Verbindungszahl 0,2732 ermittelt. Auch sie wird jetzt benötigt. Nach der Radialbeschleunigung der Rotation des Mondes, sollte diese auch für die Erde ermittelt werden. Auch hier taucht eine bekannte Zahl aus dem Mikrokosmos auf. Die **81** in Verbindung mit der bereits angekündigten **0,2732**.

Bezeichnung	Beschleunigung*	Vergleich
Erde	0,033730033	$\approx \dfrac{0,2732 \cdot 10}{81}$

*Radialbeschleunigung der Rotation in m/s²

Die 0,2732 taucht aber nicht nur bei der Rotation der Erde auf. Sie ist auch bei deren Umlaufzeit um die Sonne beteiligt. Hier möchte ich auf den Kehrwert hinweisen.

Siderische Umlaufzeit	Tage	Kehrwert
Erde um Sonne*	366	0,00**2732**
Mond um Erde	**27,32**	0,0366

*Anzahl für Schaltjahr verwendet

Die **366** wurde bereits im Kapitel Naturgesetze im Zusammenhang mit dem Schaltjahr betrachtet. Sie wurde über den Kehrwert mit der **0,2732** in Verbindung gebracht. Sieht man die 366, dann sieht man gleichzeitig auch die 0,2732 (Zehnerpotenz wie so oft ignoriert). Wie zwei Seiten einer Münze. Bezüglich dem Kehrwert ist das ähnlich wie das bekannte Paar 813 und 41. Beim Vergleich zwischen dem Umlauf der Erde um die Sonne und dem Umlauf des Mondes um die Erde, kann jeweils der Kehrwert die andere Zahl darstellen. Alles deutet auf einen gemeinsamen Hintergrund hin. Eine interessante Gemeinsamkeit zwischen der 366 und einer anderen Verbindungszahl wird noch am Ende dieses Kapitels gezeigt.

Da die 0,2732 auch einen Bezug zur 4 hat (Stichwort Viertelkreis) ist es nicht verwunderlich, dass auch die **4(00)** irgendwo auftaucht. Sie erscheint im Doppelpack.

Vergleich	Ergebnis
Größe Sonne : Größe Mond	**400 : 1**
Abstand Sonne zu Erde : Mond zu Erde	

Auch wenn etwas gerundet wurde, dürfte kaum alles Zufall sein. Nun zu den anderen Planeten.

Sonnensystem

Jetzt zu unserem Sonnensystem. Die Planeten bieten natürlich verschiedenen Vergleichsmöglichkeiten an. Die Verbindungszahlen 3^x und Phi tauchen hier oft auf und eignen sich daher gut als Themenüberschrift.

Verbindungszahl 3^x

Als erstes wird die Sonne betrachtet. Genaugenommen die Materiewellenlänge für die Masse der Sonne. Bereits im Kapitel Mikrokosmos hat uns diese Länge weitergebracht. Auch hier entsteht ein interessanter Wert.

Bezeichnung	Materiewellenlänge in Meter	Vergleich
Sonne	1,111 |-072	$\frac{1}{9} = 0,11111$

Hier sticht die 9 bzw. ihr Kehrwert hervor. Die **0,11111** erhält man auch, wenn man unsere alten Bekannten 41 und 271 multipliziert. Das Ergebnis, die 11111 ist doch sehr ähnlich, wenn man wie immer die Zehnerpotenz ausklammert. Es wiederholt sich also viel im Makrokosmos und es geht noch weiter.

Im Kapitel Mathematik wurden die irrationalen Zahlen Pi und Phi mit der 12 in Verbindung gebracht. Für den Makrokosmos wurde schon angekündigt, dass hier die 12 (bzw. ein Vielfaches) benötigt wird. Jetzt ist es so weit. Bei der Gesamtsumme aller Planetenmassen wird sie benötigt, um eine Verbindungszahl im Ergebnis zu erkennen.

Planet	Masse Planet in kg
Merkur	3,30373 |+23
Venus	4,86897 |+24
Erde	5,9742 |+24
Mars	6,41629 |+23
Asteroidengürtel	1,79226 |+23
Jupiter	1,8986 |+27
Saturn	5,68385 |+26
Uranus	8,6835 |+25
Neptun	1,02458 |+26
Pluto	1,24861 |+22
Summe	**2,66829 |+27**

$$\frac{\text{Summe}}{2 \cdot \mathbf{12}} = \mathbf{1,111}7 \mid + 26$$

Die Summe durch 24 (**12** · 2) geteilt, ergibt eine Zahl, die an 1/9 = **0,11111** erinnert. Das kann natürlich Zufall sein, aber ich möchte wie immer nichts unterschlagen. Bleiben wir bei der 9 bzw. einem Vielfachen davon. Statt der Wellenlänge betrachten wir jetzt die Frequenz die nötig wäre, um die Masse eines Photons auf Planetenmasse zu bringen. Es ist nur ein rechnerischer Wert, da das

Photon ja keine Ruhemasse hat. Die Formel für die Materiefrequenz wurde bereits im Kapitel Naturgesetze vorgestellt. Das Ergebnis ist wieder interessant.

Bezeichnung	Masse in kg	Frequenz für Masse*	Vergleich
Sonne	1,98941 |+30	2,6984 |+080	**27**

*Frequenz, damit ein Photon rechnerisch die Sonnenmasse erreicht

Da die Frequenz und Wellenlänge mit der Lichtgeschwindigkeit zusammenhängen und diese bei rund 300.000 km/s liegt, ist allein das noch nicht verwunderlich. Da zuvor 1/9 (0,111) bei der Wellenlänge erschien, musste jetzt ja rund **27** (3 · 9) herauskommen. Interessant ist aber, dass die 27 nicht nur bei der Sonne erscheint. Sie taucht auch bei den Planeten auf, wie gleich zu sehen ist.

Als erstes wird die Frequenz pro Planet ermittelt. Gleichzeitig erfolgt die Einteilung in gerade und ungerade Planeten. Der Merkur wäre ungerade, die Venus gerade und so weiter. Der Asteroidengürtel wird als ein Planet betrachtet und mitgezählt.

Planet	Frequenz*	
Merkur	4,4812 |+073	
Venus		6,6043 |+074
Erde	8,1034 |+074	
Mars		8,7031 |+073
Asteroidengürtel	2,4310 |+073	
Jupiter		2,5753 |+077
Saturn	7,7096 |+076	
Uranus		1,1778 |+076
Neptun	1,3897 |+076	
Pluto		1,6936 |+072
Summe rechte Spalte		**2,70054 |+77**
Vergleich		**27**

*Frequenz, damit ein Photon rechnerisch die Planentenmasse erreicht

In der Summe der geraden Planeten erscheint dabei die **27**. Schon wieder – und das ist immer noch nicht das letzte Mal. Wird die Rotationszeit der einzelnen Planeten addiert, diesmal ohne Unterscheidung gerade/ungerade Planeten, erscheint sie nochmal.

Planet	Rotationszeit (in Sekunden)
Merkur	5067000
Venus	20996000
Erde	86400
Mars	88600
Asteroidengürtel	-
Jupiter	35400
Saturn	38300
Uranus	61200
Neptun	64000
Pluto	552000
Summe	**26988900**
Vergleich	**27**

Die **27** ist nun mehrmals aufgetaucht und das hat auch einen Grund. Sie hat einen ganz besonderen Bezug zum Mikrokosmos. Das wird noch später erläutert.

Nun wird es Zeit, die Erde mit den anderen Planeten zu vergleichen. Die bisher bewährte Unterscheidung zwischen gerade und ungerade ist auch hier hilfreich. Werden nämlich die Massen der „geraden" Planeten in Erdmassen dargestellt, erinnert das Ergebnis an die 3 (bzw. 1/3 = 0,3333).

Planet	Masse in Erdmasse	
Merkur	0,0553	
Venus		0,815
Erde	1	
Mars		0,1074
Asteroidengürtel	0,03	
Jupiter		317,8
Saturn	95,14	
Uranus		14,535
Neptun	17,15	
Pluto		0,00209
Summe	**113,3753**	**333,25949**
Vergleich	**113,097**	**3**

Bei den geraden Planeten betrachte ich den ermittelten Wert von 333,259 als Bezug zur 3 (als deren Kehrwert 0,33333). Im Kapitel Mathematik wurde beschrieben, dass bei einer Kugel mit dem Radius 3 der Wert für die Oberfläche und das Volumen identisch ist und **113,097** beträgt. Beide Zahlen (3 und 113) sind in der vorherigen Tabelle als Vergleich *nebeneinander* aufgetreten. Die Abweichungen zwischen den tatsächlichen Massen und den Werten aus der Mathematik sind sehr gering. Das kann also einen gemeinsamen Hintergrund haben. Wie bei jedem Vergleich besteht natürlich auch hier die Gefahr, diese nahe Übereinstimmung falsch zu deuten. Ich möchte nur darauf hinweisen und überlasse diese Entscheidung den Leserinnen und Leser.

Nach dem Vergleich mit der Erdmasse, werden jetzt die Planeten mit der Sonnenmasse verglichen. Wie immer mit Unterscheidung nach gerade und ungerade. Wieder wird die Summe der geraden Planeten gebildet.

Planet	Masse in Sonnenmassen	
Merkur	1,66066 |-07	
Venus		2,44745 |-06
Erde	3,003 |-06	
Mars		3,22523 |-07
Asteroidengürtel	9,00901 |-08	
Jupiter		0,000954354
Saturn	0,000285706	
Uranus		4,36486 |-05
Neptun	5,15015 |-05	
Pluto		6,27628 |-09
Summe rechte Spalte		**1,000779 |-03**
Vergleich		**1**

Der Jupiter hat hier natürlich den größten Anteil. Das Ergebnis erinnert diesmal an die **1**. Die Verbindungszahl 1 hatte ich im Kapitel Mathematik im Zusammenhang mit einer Einheit aufgeführt. Schön, dass sie auch mal extra aufgetaucht ist.

Bleiben wir bei der 1. Welche Frequenz wäre nötig, damit die Masse eines Photons 1 kg erreicht. Bei der Masse der Sonne wurde schon der Vergleichswert 27 festgestellt. Ein Kilogramm ergibt auch hier eine interessante Zahl.

Masse in kg	Frequenz für Masse*	Vergleich
1,0	1,3564 |+050	**1, 3, 5, 7**

*Frequenz, damit ein Photon rechnerisch die Masse 1 kg erreicht

Das Ergebnis kann mit den ungeraden Zahlen **1, 3, 5, 7** verglichen werden, hier als eine einzige Zahl dargestellt. Natürlich nicht genau, aber bei den Elementen gab es diese Zahlenfolge ebenfalls. Der Makrokosmos wiederholt einiges aus dem Mikrokosmos. Jetzt kommen wir zum nächsten Thema, der Zahl Phi.

<u>Verbindungszahl Phi</u>

Phi wird oft mit dem Begriff Selbstähnlichkeit in Verbindung gebracht. Gleichzeitig ist es die irrationalste aller Zahlen. Im Kapitel Mathematik wurde dennoch festgestellt, dass Phi über den Kehrwert der zweifachen Zahl **81** *relativ* genau dargestellt werden kann.

$$\frac{100}{2 \cdot \mathbf{81}} = 0,\mathbf{6173}$$

Mit *relativ* meine ich natürlich nicht exakt. Die Differenz zwischen **0,6173** und Phi mit 0,6180 ist aber überschaubar klein. Liegt ein Wert so nahe dran, wird er zumindest mal betrachtet.

Im Kapitel Mathematik wurde die ebenfalls *relativ* genaue Verbindung zwischen Phi und Pi über die 12 beschrieben. Beide Zahlen, die 12 bzw. ein Vielfaches davon und die Zahl Phi, stehen jetzt im Fokus. Phi wird auf den folgenden Seiten in vereinfachter Form mit 617 dargestellt.

Was eignet sich für den Start? Beim vorherigen Thema 3^x haben wir gleich am Anfang die Sonne betrachtet. Ein Bezug zur Verbindungszahl 3^x konnte hergestellt werden (1/9 bzw. 27). Daher beginnt auch hier die Suche mit der Sonne, sie hält ja alles zusammen. Wen überrascht es - der gesuchte Wert 617 ist ebenfalls bei ihr zu finden. Diesmal steht die Fluchtgeschwindigkeit im Fokus. Diese beträgt bei der Sonne ca. **617,7** km/s und liefert damit einen wunderbaren Anfang.

Als nächstes betrachten wir die Kehrwerte der Umlauftage aller Planeten. Eingeteilt wird wie immer in gerade/ungerade. Der Asteroidengürtel wird natürlich wieder mitgezählt. Wie kurz zuvor, orientieren wir uns an der Erde, d.h. es wird in Erdentagen gerechnet.

Planet	Tage*	$\dfrac{1}{\text{Umlauftage}}$	
Merkur	88	0,011363636	
Venus	225		0,004444444
Erde	365	0,002739726	
Mars	687		0,001455604
Asteroidengürtel	1680	0,000595238	
Jupiter	4333		0,000230787
Saturn	10759	9,29454 |-05	
Uranus	30689		3,2585 |-05
Neptun	60184	1,66157 |-05	
Pluto	90475		1,10528 |-05
Summe		*0,01480816*	*0,00617...*
Vergleich		$\dfrac{\text{Summe}}{2 \cdot \mathbf{12}} = 0{,}000\,\mathbf{617}$	**617**

*Siderische Umlaufbahn in Erdentagen gerechnet

Sowohl bei den geraden als auch bei den ungeraden Planeten finden wir die **617**. Bei den Ungeraden muss zusätzlich die Summe durch 24 (2 · **12**) geteilt werden. Dies ist bei den Geraden nicht nötig. Das nenne ich einen weiteren Erfolg. Beide sind im gleichen Zusammenhang aufgetreten.

Nach den Umlauftagen kommt jetzt wieder die Fluchtgeschwindigkeit dran. Wird das gleiche Prinzip mit der Fluchtgeschwindigkeit der Planeten angewendet, muss die Summe diesmal nur durch 12 geteilt werden. Es zeigt sich ein schönes Ergebnis.

Planet	Fluchtgeschwindigkeit in km/s	
Merkur	4,3	
Venus		10,2
Erde	11,2	
Mars		5
Asteroidengürtel	0	
Jupiter		59,6
Saturn	35,5	
Uranus		21,3
Neptun	23,3	
Pluto		1,1
Summe	**74,3**	**97,2**
Summe / 12	**6,19**	**8,1**

Bei den ungeraden Planeten erscheint die 6,19 (Vergleich 617). Bei den geraden Planeten beträgt das Ergebnis 8,1 (Vergleich 81). Die 617 und 81 wurden schon im Kapitel Mathematik miteinander in Verbindung gebracht. Dort wurde ebenso die Verbindung zwischen Phi und Pi mit der 12 beschrieben. Hier kommen alle drei in einem Zusammenhang vor. Diese Kombination dürfte kaum ein Zufall sein.

Die Fluchtgeschwindigkeit bietet aber noch mehr. Wird die Fluchtgeschwindigkeit aller Planeten addiert (diesmal keine Unterscheidung nach gerade/ungerade) erhält man 171,5. Multipliziert man diese Summe mit der 3 · 12 erscheint wieder ein Wert, der mit der 617 verglichen werden kann. Einzelheiten zeigt die nächste Tabelle.

Planet	Fluchtgeschwindigkeit in km/s
Merkur	4,3
Venus	10,2
Erde	11,2
Mars	5
Jupiter	59,6
Saturn	35,5
Uranus	21,3
Neptun	23,3
Pluto	1,1
Summe	**171,5**
Summe · 3 · 12	**6174**

Das Ergebnis ist schon sehr genau. Erlauben wir eine Bandbreite zwischen 617 und 619 liegen damit mehrere Treffer für Phi vor. Jetzt sollte natürlich auch darüber nachgedacht werden, warum dieser Wert bei der Fluchtgeschwindigkeit so häufig vorkommt.

Geben die Naturgesetze bei der Bildung der Planeten den Wert 617 gewissermaßen als Ziel vor? Die Massen verteilten sich dann einfach gemäß dieser Vorgaben? Falls ja, dann hätten wir ja echt Glück gehabt, dass es bei der Entstehung nicht zu wenig oder zu viel gab. Vielleicht wurde auch der Masse, die zu viel war, der Aufenthalt verwehrt. Natürlich nur ein Scherz, aber man sollte dennoch darüber nachdenken, ob hier vielleicht weitere „Kräfte" mitwirken, die wir einfach nicht kennen. Möglicherweise sind diese erst bei bestimmten Größenordnungen wirksam.

Im Mikrokosmos ist bei den Elementen bekannt, dass diese bei Verbindungen gewisse Ansprüche haben. Nicht jedes Elemente geht mit jedem eine Verbindung ein. Hier spielen Zahlen (Anzahl Elektronen) eine Rolle, die als Ziel erreicht werden müssen. Vielleicht wirken auch im Großen bestimmte Zahlenverhältnisse bei der Entstehen von Sonnensystemen mit. Ist die passende Masse zusammen, bilden sich langfristig die gewünschten Zahlenverhältnisse. Würde man solche Einflüsse bei der Beobachtung von neu entstehenden Sonnensystemen überhaupt bemerken? Die beteiligte Masse wird nur anhand dem, was man sieht, errechnet. Es ist niemand vor Ort, um nachzuwiegen. Man kann mit Vorhersagen und Sichtung prüfen, ob eine Berechnung stimmt, aber nie sicher sagen, ob hinter der Gravitation auch exakt die Masse steckt, die man vermutet oder errechnet hat. Werden bei der Beobachtung von Sternen auch mal Ergebnisse ermittelt, die man nicht mehr mit der sichtbaren Masse erklären kann, hilft die sogenannte Dunkle Materie weiter. Die Stellen mit Dunkler Materie zeigen einfach, dass es auch *unsichtbare zusätzliche Kräfte* gibt. Deren Ursache können genau solche ordnende Zahlenverhältnisse sein. Der mathematische Hintergrund für diese Zahlenverhältnisse schafft Bedingungen für maximale Formenvielfalt. Die Sichtbarkeit solcher „Zusatzkräfte" kann auch wieder verschwinden. Dies wäre der Fall, wenn sich die Materie so verteilt hat, dass die gewünschten Zahlenverhältnisse allein durch die bekannten Gravitationskräfte der sichtbaren Materie erklärbar sind. In unserem Sonnensystem ist dies der Fall, daher findet man hier keine Dunkle Materie. Es wäre zumindest eine Überlegung.

Eine Bestätigung für solche Hintergründe liefert der Asteroidengürtel. Im Zusammenhang mit ordnenden Zahlenverhältnisse, bewirkte seine *besondere* Form der Anwesenheit, dass viele Verbindungszahlen gefunden wurden, obwohl er eigentlich keine (große) Wirkung ausstrahlt. Würde er aber fehlen, wäre die Einteilung in *gerade* und *ungerade* Planeten komplett anders und die präsentierten Verbindungszahlen gäbe es nicht. Wenn seine Anwesenheit ohne Wirkung nur wegen der korrekten Einteilung nötig wäre, gäbe es wohl einfach einen Kleinstplaneten. Der hätte auch keine große Wirkung. Da das nicht so ist, besteht wohl ein anderer Hintergrund. Gibt es einen Vorteil, wenn man ihn sowohl zählen als auch ignorieren kann? Den gibt es! So ist es nämlich möglich, Phi noch zweimal zu erhalten. Im Internet ist (war) solch eine Einteilung der Planeten beschrieben (Webseite aktuell nicht mehr gefunden). Grundlage ist dabei der Abstand Erde zur Sonne, der mit 1 dargestellt wird. Die restlichen Planetenabstände werden dann dazu ins Verhältnis gesetzt. Gerade und ungerade spielt auch hier eine Rolle. Zusätzlich wird zwischen zwei Planetensammlungen mit je 4 Planeten unterschieden.

Abstand*	Gerade Planeten	Ungerade Planeten
Merkur		0,387
Venus	0,723	
Erde		1
Mars	1,524	
Summe	**2,247**	**1,387**
Verhältnis	**1**	**0,617**
Jupiter		5,203
Saturn	9,579	
Uranus		19,20
Neptun	30,05	
Summe	**39,629**	**24,403**
Verhältnis	**1**	**0,616**

*Verglichen wird mit dem Abstandswert Erde - Sonne = 1

Hier ist die **617** zwei Mal zu sehen. Da der Asteroidengürtel diesmal nicht als Planet zählt (besondere Form der Anwesenheit), sieht die Einteilung in gerade und ungerade Planeten anders aus. Pluto spielt hier ebenfalls keine Rolle.

Da der Asteroidengürtel weder Planet noch leerer Raum ist, sind beide Betrachtungen möglich. Wird er wie leerer Raum behandelt findet sich Phi. Wird er als Planet behandelt, findet sich Phi ebenfalls. Vielleicht ist das der Grund für seine besondere Form der Anwesenheit. Es könnte zumindest so sein.

Verbundene Verbindungszahlen

Ich gebe zu, eine ungewöhnliche Überschrift. Ich habe in diesem Kapitel angekündigt, dass es einen weiteren Bezug zum Mikrokosmos gibt. Die 42 ist bisher noch nicht im Makrokosmos aufgefallen. Im Mikrokosmos war sie dagegen ein zentraler Bestandteil beim Elementeblock 84, der eine Einheit bildet. Im Makrokosmos ist als Gegenstück die Sonne ein zentraler Bestandteil, der alles wie eine Einheit zusammenhält. Im Zusammenhang mit der Frequenz (Photon), ist für die Sonne der Wert 27 festgestellt worden. Vielleicht haben die 27 und 42 eine Gemeinsamkeit?

Die Summenbildung hat seither schon mehrmals weitergeholfen. Zuletzt bei der 3^4. Jetzt ist die 3^3 dran. Die Summe 1 bis 27 beträgt 378. Die 378 geteilt durch 3^2 ergibt **42**. Die 42 findet sich damit also auch indirekt im Makrokosmos wieder. Nur etwas versteckt, aber das ist nicht wirklich neu.

Wie eng der Zusammenhang zwischen der 27 und 42 ist, zeigt auch eine anderen Betrachtungsweise. Dabei geht es um das gleichmäßige Verteilen, wie es in magische Quadraten erfolgt. Das Prinzip der magischen Quadrate geht auch dreidimensional. Das Ergebnis nennt sich dann magischer Würfel. Ein magischer Würfel mit $3 \cdot 3 \cdot 3$ (= 27) Einzelteilen hat in der Summe je Gerade oder Diagonale immer **42**. Alles schön gleichmäßig aufgeteilt. Dies kann mit dem Grundprinzip, *so oft wie möglich die 42 zu erhalten*, verglichen werden. Die Beziehung zwischen der 27 und 42 ist damit deutlich sichtbar.

Nachdem die Summenbildung mit der 3^x schon mehrmals geholfen hat, sollte man sie auch im Zusammenhang mit der 366 betrachten. Da die 3^3 und 3^4 bezüglich Summenbildung schon untersucht wurden, verbleibt jetzt noch die 3^5 = 243. Die Summe der Zahlen 1 bis 243 ergibt 29.646. Wird diese noch durch 3^4 (81) geteilt, erhält man **366**. Das war es schon, der nächste Treffer. Somit kann auch hier ein

Bezug zwischen der Verbindungszahl 3^x und der 366 hergestellt werden. Die 366 ist auch Teil einer Schnittstelle zwischen natürlichen und irrationalen Zahlen: Viertelkreis $\rightarrow$ 0,2732 $\leftarrow$ Kehrwert 366. Natürlich nicht exakt, aber sehr nahe und wie inzwischen bekannt, mit Bezug zur 3^x.

Die Verbindungszahl 3^x bildet damit eine Schnittstelle zur 42 und 366. Nicht sofort zu erkennen, aber dennoch da. Das finde ich sehr interessant. Die erste Spalte der folgenden Tabelle zeigt auch eine schöne Reihenfolge beim Exponenten, die den Zusammenhang nochmals bekräftigt.

3^x	Summe	Verbindung
$3^2 = 9$ $3^3 = 27$	1 bis 27 = 378	$\dfrac{378}{9} = 42$
$3^4 = 81$ $3^5 = 243$	1 bis 243 = 29.646	$\dfrac{29.646}{81} = 366$

Zusammenfassung und Rückblick

Der Makrokosmos wurde mit unterschiedlichen Werten verglichen. Es wurden Massenverhältnisse, Radialbeschleunigungen, Umlaufzeiten, Größenverhältnisse, Materiewellenlängen, Frequenzen, Rotationszeiten und Fluchtgeschwindigkeiten betrachtet.

Beim Vergleich der Erde mit dem Mond, konnten die Verbindungszahlen 10, 41, 813 und 0,2732 bzw. 366 gefunden werden. Auch die wirklich besondere Beziehung der Zahlen 41 $\leftarrow\rightarrow$ 813 sowie 0,2732 $\leftarrow\rightarrow$ 366 über den Kehrwert wurde deutlich.

Beim Sonnensystem konnte die Sonne mit der 9 in Verbindung gebracht werden. Einmal als Kehrwert (1/9) und einmal als das

Dreifache (3 · 9). Unter verschiedenen Betrachtungsweisen konnten diese Werte auch den Planeten zugeordnet werden.

Die Verbindungszahl 617 (Phi) wurde bei den Planeten mehrfach beobachtet. Dabei zeigten sich in einem Fall bei der Fluchtgeschwindigkeit *gleichzeitig* die 12, 81 und 617.

Es wurde die besondere Bedeutung des Asteroidengürtels deutlich. Die ungerade Zahlen in Form einer Zahl (1 3 5 7) tauchte im Zusammenhang mit einem Kilogramm ebenfalls auf.

Durch die Summenbildung konnten die Verbindungszahlen 42 und 366 mit der 3^x in Beziehung gebracht werden. Die 3^x gewinnt damit noch mehr an Bedeutung.

Der Makrokosmos und auch der Mikrokosmos haben damit viele Gemeinsamkeiten. Es sind *nicht* grundsätzlich die gleichen Einheiten (Meter, Kilogramm ...) die auch gleiche Verbindungszahlen enthalten. Nachdem aber bekannt ist, dass z.B. Materie auch Energie ist, dürften solche Abweichung nicht als Ausschlusskriterium gewertet werden. Es ist zu erkennen, dass erst durch die Gesamtbetrachtung solche Gemeinsamkeiten sichtbar werden.

Im nächsten Kapitel werden besonders auffallende Ähnlichkeiten zwischen dem Mikrokosmos und Makrokosmos gegenübergestellt. Dies dient der Orientierung für den weiteren Weg Richtung Weltformel und liefert nochmals *neue* Erkenntnisse.

Kapitel 6 – Analyse und Gesamtergebnis

Nachdem zuvor viele Tabellen gezeigt wurden, sollten die einzelnen Ergebnisse einmal gesammelt betrachtet werden. Eine komplette Wiederholung erfolgt natürlich nicht. Stichworte und vereinzelt etwas ausführlichere Beschreibungen dürften ausreichend sein, um die jeweiligen Themen und Sachverhalte zuordnen zu können.

Der Bezug zur *Einheit* und *Grenzen* in der Natur bilden die nächsten Themen. Hier ist dann auch zu sehen, wie die Lichtgeschwindigkeit auf rein mathematischen Weg fast exakt berechnet werden kann.

Einheit

Der *Kehrwert* war bei den vorgestellten Verbindungszahlen mehrmals beteiligt. Dabei wird aus einer Zahl eine andere bei gleichzeitigen Wechsel der Größenordnung mit Bezug zur Einheit 1, die Basis und Grundlage von allem ist. Zur Einheit 1 besteht auch bei den primär pseudovollkommenen Zahlen ein Bezug.

Die 3^x ist ebenfalls oft als Verbindungszahl erschienen. Sie zeigte sich sowohl direkt als auch indirekt, zum Beispiel über die Summenbildung (1 + 2 + …). Zusammen mit der 1 wird daher die 3^x in der folgenden Tabelle gegenübergestellt. Der Zusammenhang zu anderen Verbindungszahlen ist dabei sehr gut zu erkennen.

Beziehung zwischen 3^x und 1		
Summe 1 bis 3^x	Kehrwert	Beispiel
$\dfrac{1 \text{ bis } 3^1}{3^0} = 6$	$\dfrac{1}{2} + \dfrac{1}{3} + \dfrac{1}{6} = 1$	**Mikrokosmos**
$\dfrac{1 \text{ bis } 3^3}{3^2} = 42$	$\dfrac{1}{2} + \dfrac{1}{3} + \dfrac{1}{7} + \dfrac{1}{42} = 1$	Elementeblock 84
$\dfrac{1 \text{ bis } 3^5}{3^4} = 366$	$\dfrac{1}{366} = 0{,}002732$ $(1{,}2732 - 0{,}2732 = 1)$	**Makrokosmos** Kreisgleichung

Die Summenbildung in der linken Spalte ist als führendes Element deutlich erkennbar. Beim Zähler erhöht sich der Exponent pro Tabellenzeile über die ungeraden Zahlen 1, 3, 5. Beim Nenner erhöht er sich über die geraden Zahlen 0, 2, 4. Als Ergebnis kommen die Verbindungszahlen 6, 42 und 366 aus dem Mikro- und Makrokosmos heraus.

Die Bedeutung und Eigenschaften der 6 und 42 als primär pseudovollkommene Zahlen wurde im Kapitel Mathematik beschrieben. Hier kommt als Ergebnis der Summe die 1 heraus. Sie ist damit nicht nur als *Zähler* im Bruch präsent, sondern auch als *Ergebnis*.

Die Beziehung zwischen der 366 und dem Viertelkreis wurde auch im Kapitel Mathematik dargestellt. Im Zusammenhang mit dem Viertelkreis wurde dort ebenfalls ein Bezug zur 1 beschrieben.

Die Zahl Phi fehlt in der Übersicht. Sie hat aber auch einen Bezug zur 1. Die Differenz zum Kehrwert von Phi (1,618 → 0,618) beträgt bei Verwendung des Dezimalsystems exakt 1. Sie kam im Makrokosmos mehrmals vor. Ein Vielfaches der 12 (oder auch 6, je nach Betrachtungsweise) war dabei auch beteiligt. Phi wurde aber nie exakt ermittelt, nur annähernd. Über die 81 kann Phi auch nicht exakt erreicht werden, nur annähernd. Damit ist offen, ob im Makrokosmos

Phi oder die Annäherung durch die 81 relevant ist. Dennoch ist die Eigenschaft, über den Kehrwert und die Differenz exakt die 1 zu erreichen, interessant. Dies gilt insbesondere dann, wenn Phi in einer Sammlung weiterer Kandidaten auftaucht, die alle ebenfalls einen besonderen Bezug zur 1 haben.

Eine Gegenüberstellung mit der 1 in der Mitte fasst nochmal alles mit Bezug zur 1 zusammen. Dabei ist zu erkennen, dass die natürlichen Zahlen 6 und 42 im Mikrokosmos dominieren und die irrationale Zahlen Phi und Pi (Viertelkreis) im Makrokosmos die *Form* wahren.

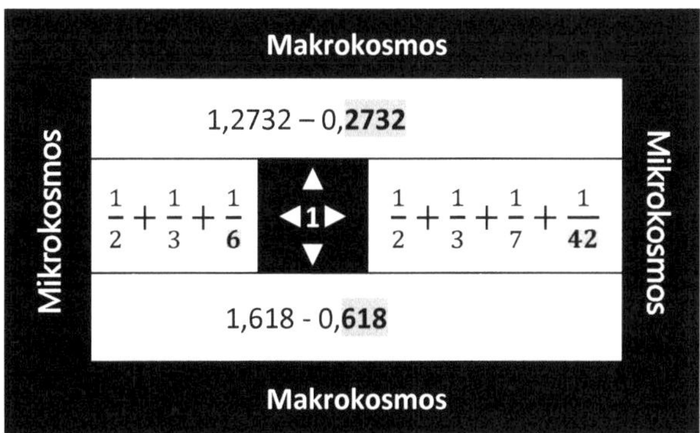

Die **1** bildet hier eine Einheit. Sie steht in der Mitte, denn alles was mit ihr verbunden ist, ist indirekt auch mit dem Rest verbunden. Jetzt fehlt noch eine Verbindung zu den Naturgesetzen. Hier wäre eine geeignete Definition für **1** *Meter* und **1** *Sekunde* hilfreich. Früher wurde dafür der Erdumfang und die Umdrehungszeit für einen Tag verwendet. Es geht aber auch mit den vorhandenen Verbindungszahlen.

Im Kapitel Mathematik wurden die 86.400 Sekunden für einen Tag auf der Erde mit dem Thema *Möglichkeiten* (10!/42) in

Verbindung gebracht. Im Kapitel Naturgesetze wurde die Beziehung zwischen der *Kreisgleichung* (Verhältniszahlen Viertelkreis im Quadrat) und dem Umfang der Erde (40.000 km) beschrieben. Mit den Verhältniszahlen aus der Kreisgleichung (Viertelkreis im Quadrat) kann indirekt der Umfang der Erde über deren Durchmesser ermittelt werden. Gleichzeitig stellt diese Gleichung auch den Massezuwachs bis zur Lichtgeschwindigkeit dar, verbindet damit also Eigenschaften der Naturgesetze mit der Erde.

Die Erde bildet damit ein Zentrum von Verbindungszahlen. Sie verbindet mathematische Verhältniszahlen mit der Definition von Meter und Sekunde.

Makrokosmos*	Mathematik	
Tag	Möglichkeiten	$\dfrac{10!}{42} = \mathbf{86.400}$
Umfang	Kreisgleichung	$1{,}2732 \cdot 10^7 \cdot \pi \approx \mathbf{40.000}$

*Vergleich bezogen auf Daten der <u>Erde</u> (Definition Sekunde und Meter)

Damit kann die Definition von 1 Meter und 1 Sekunde als Einheit mit den Begriffen *Möglichkeiten* und *Kreis*(gleichung) in Verbindung gebracht werden. Jetzt geht es weiter zum Mikrokosmos.

Die zuvor ebenfalls beteiligte 42 spielt auch im Mikrokosmos beim Elementeblock 84 eine große Rolle. Dort wurde die 84 mit den instabilen Elementen 43, 61, 84 und der Anzahl der stabilen Elemente (3^4) in einen Zusammenhang gebracht. Die 813 (bzw. $3 \cdot 271$) war ebenfalls ein Teil der Formel, die als Ergebnis eine Dezimalzahl (813,03321) lieferte. Diese Verbindung kann auch ohne Dezimalzahl dargestellt werden. Die folgende Tabelle zeigt das. Verschiedene Formatierungen sollen wie immer die Zuordnung erleichtern. Die 10 bildet dabei eine Art Zentrum.

	3 instabile Elemente			10	81 stabile Elemente		
A	1	$\cdot 10^5$		$- 1 =$	3^2	$\cdot 41^1$	$\cdot 271^1$
B	3^2	$\cdot 10^5$		$- 3^2 =$	3^4	$\cdot 41^1$	$\cdot 271^1$
C	**43**	$\cdot$ **61**	$\cdot$ **84**		3^1	$\cdot 41^0$	$\cdot 271^2$

Die Zehnerpotenz hat hier zweimal eine besondere Bedeutung. Zum einen steht die **10** in der mittleren Spalte als Summe der Zahlen **1 und 3^2**, die in den Zeilen tiefer abgezogen werden. Zum anderen bildet die 10^5 den Startwert in Zeile A. In allen Zeilen der rechten Spalte sind ausschließlich die Primzahlen 3, 41 und 271 mit unterschiedlichen Exponenten vertreten. In Zeile B ist damit schon die **3^4** als Anzahl der stabilen Elemente zu finden. In Zeile C erscheinen zusätzlich auch die drei instabilen Elemente **43**, **61** und **84**.

Alles erscheint im gleichen Zusammenhang. Man kann sehr gut die Beziehung zwischen **$10 = 1 + 3^2$**, den Primzahlen 3, 41 und 271, der Zehnerpotenz 10^5 sowie den Elementen erkennen. Damit eine einheitliche und verständliche Darstellung entsteht, wurde in Zeile C die 41^0 eingetragen, die natürlich gleichbedeutend mit der 1 ist.

Ich denke, diese Übersicht ist hilfreich, um die Bedeutung der Verbindungszahlen zu erkennen. Als nächstes ist das Thema Grenzen dran, in dem genau diese Zahlen benötigt werden!!!

Grenzen

Die Lichtgeschwindigkeit als kosmische Geschwindigkeitsbegrenzung ist sicher jedem bekannt. Sie wurde am Anfang dieses Buches pauschal mit der 3 und 10^x in Verbindung gebracht. Bei der Ermittlung der Materiewellenlänge wurde natürlich mit dem korrekten Wert von 299.792 km/s gerechnet. Dieser wurde gemessen, kann aber auch rein mathematisch fast exakt berechnet werden.

Diese Berechnung ist nicht sehr kompliziert. Die 3 und 10 sind, wie schon früher angekündigt, in der Formel enthalten. Die instabilen Elemente **43**, **61** und **84** sowie die Anzahl der stabilen Elemente (**81**) gehören auch dazu. Ein Bezug zur **1** und zur Erde (**86.400** Sekunden pro Tag) besteht ebenfalls. Hier ist die Formel, die zu dieser kosmischen Grenze führt.

Grenzen	
Möglichkeiten	**Elemente**
$$\frac{10!}{42} = 86.400$$	- instabil: **43, 61, 84** - **81** stabile Elemente
Lichtgeschwindigkeit	

$$\frac{3 \cdot 10^5 \cdot 86.400 - 43 \cdot 61 \cdot 84 \cdot 3^4}{86.400} - 1 = 299.792$$

Die Überschriften zur Herkunft der Zahlen sind austauschbar. Statt der Überschrift *Möglichkeiten* könnte man auch *Erdentag in Sekunden* verwenden. Statt dem Begriff *Elemente* könnte man auch auf die zuvor behandelte Tabelle mit dem Startwert 10^5 verweisen. Genau diese Ausgangzahl 10^5 ist hier ebenfalls enthalten. Würde eine andere Zehnerpotenz verwendet, stimmt das Ergebnis nicht mehr. Damit ist nachgewiesen, dass diese Zehnerpotenz mit den Primzahlen 3, 41 und 271 zusammenhängt und ebenso mit den Elementen 43, 61 und 84. Begriffe aus Mathematik und Naturgesetzen werden damit in einen Zusammenhang gebracht.

Wie genau ist jetzt die Formel? In der Größenordnung von km/s gibt es gar keine Abweichung zum tatsächlich festgestellten Wert. Erfolgt der Vergleich auf den Meter genau, beträgt die Abweichung nur ca. 19 Meter pro Sekunde. Der genau ermittelt Wert für die

Lichtgeschwindigkeit beträgt 299.792.458 Meter pro Sekunde. Glaubt hier noch jemand an Zufall?

Im Kapitel Mikrokosmos wurde die Beziehung zwischen stabilen und instabilen Elementen auch mit einer Formel beschrieben. Ein Vergleich mit der aktuellen Formel für die Lichtgeschwindigkeit zeigt, welche Zahlen sich wiederholen.

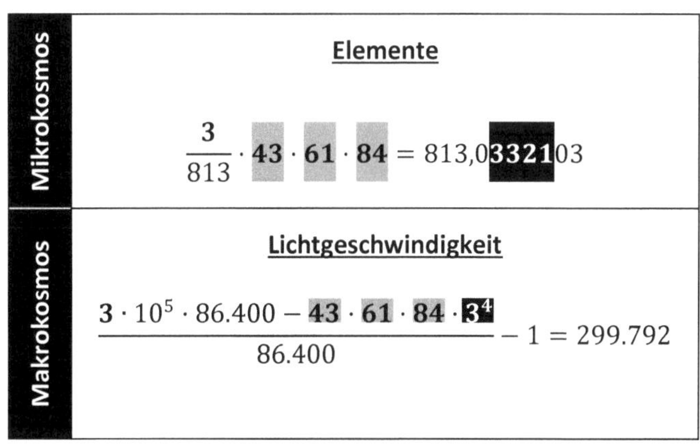

Die 3^4 in der Formel zur Lichtgeschwindigkeit, ist indirekt als 3321 (Summe 1 bis 81) in der Formel zu den Elementen enthalten. Die 813 in der Formel zu den Elementen, ist indirekt (3 · 271) über die bereits beschriebene Tabelle (10 = 1 + 3^2) in der Formel zur Lichtgeschwindigkeit enthalten. Der Rest dürfte erkennbar sein. Ich denke mit diesem Ergebnis ist jedem klar, dass hier mehr als Zahlenspielereien zu sehen sind. Es ist deutlich zu erkennen, dass die Elemente, die Erde und die Lichtgeschwindigkeit vom gleichen mathematischen Hintergrund beeinflusst werden.

Ich habe kurz vor Buchveröffentlichung nochmal im Internet nachgesehen, ob das schon bekannt ist. Mit verschiedensten

Suchtechniken war nichts zu finden. Damit ist das ein neuer Weg, der helfen dürfte, der Weltformel näher zu kommen.

Auf unserer Reise sind wir jetzt am Gipfel angekommen. Hier bietet sich in Blick in alle Richtungen an. Es besteht die Gelegenheit, alles als Einheit zu betrachten. Der Begriff Einheit wurde zuletzt verstärkt im Zusammenhang mit der 1 genannt. Aber auch der Elementeblock 84 bildet eine Art Einheit. Ebenso die gerade betrachtete Beziehung zwischen der Erde mit den Elementen und der Lichtgeschwindigkeit. Alle folgen mathematischen Grenzen. Hier ist eine Übersicht, in der die Verbindungszahlen mit passenden Einheiten in Beziehung gebracht werden. Die mathematische Beziehung zwischen den Zahlen ist in der Mitte dargestellt.

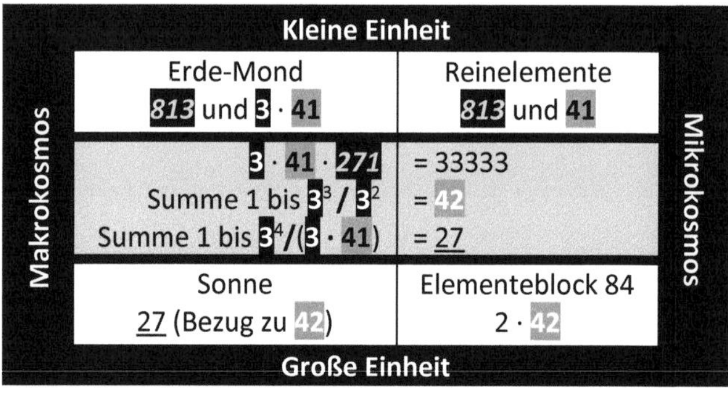

Die Herkunft dieser Verbindungszahlen kann bei Bedarf in den jeweiligen Kapiteln nachgelesen werden. Es ist zu erkennen, dass sich vieles im Mikrokosmos und im Makrokosmos wiederholt. Dabei spielt die Gesamtbetrachtung eine große Rolle. Die Maßeinheiten (Sekunden, Meter …) wurden wie immer komplett ignoriert. Mal ist es eine Anzahl, mal eine Wellenlänge und so weiter. Die Forschung hat immer wieder gezeigt, dass sich Einheiten umwandeln lassen. Materie hat ein Gewicht, ist aber auch Energie. Nachdem mit dieser

Methode sogar der Wert für die Lichtgeschwindigkeit errechnet werden kann, ist die gewählte Strategie sicher richtig.

Gesamtergebnis

Sowohl im Mikrokosmos als auch im Makrokosmos wirken die gleichen Grundprinzipien. Das sind Verbindungszahlen, die über eine Gesamtbetrachtung erkennbar sind. Sie bilden den mathematischen Hintergrund, der bestimmt, was (Materie) wie lange (Zeit) realisiert werden kann. Die stabilen Elemente und unser Planet (bzw. Sonnensystem) befinden sich im optimalen Einklang mit diesem Hintergrund. Beide haben die *korrekten Werte*. Das kann mit einer passenden Antennenlänge verglichen werden, um eine bestimmte Sendefrequenz empfangen zu können. Die stabilen Elemente sind dabei langlebige (Zeit) einfachste Formen (Atome) im Mikrokosmos. Die Verbindungszahlen aus dem Mikrokosmos finden sich über Umwege auch im Makrokosmos. Unser Planet bildet in diesem Zusammenhang aufgrund passendem Umfang und Umdrehungszeit eine Verbindung zum Makrokosmos. Diese ermöglicht, einfache Formen (Atome) zu komplexeren Formen zu verbinden (Moleküle) und gleichzeitig die Grundprinzipien des Mikrokosmos einzuhalten. Die dabei vorliegenden optimalen Rahmenbedingungen (Verbindungszahlen) liefern hierbei die erforderlichen Voraussetzungen.

Die Verbindungszahlen sind mathematische Eigenschaften, deren Gegenstück wir in bekannten Begriffen des täglichen Lebens finden. Das sind Selbstähnlichkeit (Phi, Dezimalsystem), Form (Quadrat, Kreis), Wachstum und Vergrößerung (Quadrat, ungerade Zahlen, Verdopplung), Abgrenzung bzw. Grenze (Größenordnung Zehnerpotenz, Primzahlen) und Veränderung. Zu Bewegung und Veränderung führt der dauerhafte Versuch, irrationale Zahlen durch natürliche Zahlen annähernd zu erreichen (Phi $\rightarrow$ 2·81, Viertelkreis $\rightarrow$ 366).

Gleichzeitig gibt es auch eine exakte Verbindung über den Bezug zur Einheit 1.

Die 3^x hat eine Beziehung zu den Verbindungszahlen 6, 42 und 366, die im Mikro- und Makrokosmos mehrfach aufgetreten sind. Zusätzlich ist sie über $3^2 + 1$ mit der 10 verbunden. In diesem Zusammenhang konnte auch die Verbindung zwischen der 10^5 und den Zahlen 3^x, 41^x, 271^x dargestellt werden. Gleichzeitig zeigten sich dabei auch die Zahlen 43, 61, 84 (= instabile Elemente) und die 81 (Anzahl stabile Elemente). Diese sind wieder Teil einer Formel, mit der die Lichtgeschwindigkeit berechnet werden kann. Mit einer anderen Formel, aber den gleichen Zahlen, kann auch der Zusammenhang zwischen den 81 stabilen und 3 instabilen Elementen rein mathematisch dargestellt werden. Nachdem alle Elemente außerhalb des Elementeblockes 84 instabil sind, können damit also *alle* instabilen Elemente errechnet werden.

Die Bedeutung der Sekunden pro Erdentag (Stichwort Welt der Möglichkeiten) war ebenfalls zu erkennen. Die 86.400 ist in der Formel für die Lichtgeschwindigkeit ein unverzichtbarer Bestandteil. Ein Tag auf der Erde hat über diese Zahl auch einen Bezug zur Lichtgeschwindigkeit. Damit kann davon ausgegangen werden, dass sich die Erde nach Entstehung langsam auf diese Rotationszeit eingependelt hat. Zufällig ist dieser Wert sicher nicht entstanden. Man kann natürlich dennoch errechnen, mit welcher Geschwindigkeit und Masse früher etwas die Erde gestreift hat, um heute diesen Wert zu erhalten. Die Entscheidung, was wahrscheinlicher ist, bleibt jedem selbst überlassen.

Im nächsten Kapitel gibt es noch einen kleinen Ausblick auf die Zukunft. Der wesentliche Teil dieses Buches ist hier abgeschlossen.

Kapitel 7 – Zukunft

Die Berechnungen und Vergleiche in diesem Buch haben interessante Ergebnisse geliefert. Die Gesamtbetrachtung und die immer gleichbleibenden Verbindungszahlen sollten eine Abgrenzung zu sinnlosen Zahlenspielereien bilden. Ich denke, das ist gelungen. Dennoch kann eine beschriebene Auffälligkeit auch mal Zufall sein.

Ich gehe davon aus, dass die meisten Leserinnen und Leser meine Gedankengänge und die Strategie nachvollziehen konnten. Falls ich mich vereinzelt nicht korrekt oder unverständlich ausgedrückt habe, möchte ich mich dafür entschuldigen. Entscheidend ist nur, dass unabhängig von der Darstellung der Gesamtzusammenhang erkannt wurde.

Dass bestimmte Verbindungszahlen die treibende Kraft hinter allem sind, war zu erkennen. Es passt zu viel zusammen, um noch als Zufall betrachtet zu werden. Die Erkenntnisse in diesem Buch sind damit ein weiterer Schritt auf dem Weg zur Weltformel. Die gefundenen Zahlen wurden allerdings ohne wissenschaftlich korrekte Begründung einer Anzahl, einer Länge oder einem Masseverhältnis zugeordnet. Wenn man davon ausgeht, dass nicht alles Zufall ist, besteht damit noch ein Rätsel, das gelöst werden sollte.

Im ersten Kapitel verglich ich die Suche nach immer kleineren Teilchen mit dem Rechenergebnis einer Division. Statt das Ergebnis dieser „Division" über aufwendige „Messungen" immer genauer zu ermitteln, ist es einfacher, alle beteiligten Zahlen zu kennen. Möglicherweise liegen diese jetzt vor. Nach weiterer Forschung lassen sich damit vielleicht noch mehr Eigenschaften der einzelnen Elemente zuordnen.

Dunkle Materie und die Gravitationskonstante werden vermutlich ebenfalls von diesen Zahlen beeinflusst. Auch hier bietet sich die bewährte Strategie an und könnte möglicherweise bisher unbekannte Zusammenhänge aufdecken. Es wäre zumindest ein Versuch wert.

Wie geht es weiter? Ich bin ein Autor, der eigene Forschungsarbeit über wissenschaftliche Themen veröffentlicht. Da will ich mir keine Illusionen bezüglich der Nachfrage machen. Frühere, erste Teile meiner Forschung hatte ich in einem anderen Buch veröffentlicht, das durch dieses ersetzt wird. Da war schon zu erkennen, dass hohe Verkaufszahlen kein vorrangiges Ziel sein sollten. Das war auch nie als Ziel gedacht. Mein Werk soll einfach die seitherigen wissenschaftlichen Erkenntnisse erweitern. Eine bestimmte Anzahl von Personen sollte es aber schon lesen. Damit es nicht ein Staubfänger oder eine Dateileiche wird, ist daher jede Unterstützung hilfreich. Wenn es ihnen gefallen hat, bitte ich mitzumachen. Sie können zum Beispiel über eine geeignete positive Bewertung einen wichtigen Beitrag dazu leisten. Das kostet wenig Zeit und wirkt enorm. Wenn die Ergebnisse aus diesem Buch für die Wissenschaft eine Bedeutung haben, sieht man, wer das gleich erkannt hat. Eine weitere Gelegenheit zur Unterstützung bietet sich an, wenn ein Geburtstagsgeschenk zu besorgen ist. Vielleicht ist eine geeignete Person bekannt, die sich darüber freuen würde. Bitte helfen sie nicht nur in Gedanken mit!

Wer ausreichend Kenntnisse und Möglichkeiten hat, selbst zu forschen, kann auch direkt loslegen. Vermutlich sind im Umfeld weitere Personen bekannt, die mithelfen können. Das wäre natürlich super und bedeutet, ich habe meine Abende nicht umsonst am Computer verbracht. Ich würde mich auch freuen, wenn mein Werk im positiven Sinn erwähnt wird (z.B. im Internet). Sofern ich neue Erkenntnisse habe, würde ich diese den Verfassern bei Interesse zukommen lassen. Ein weiteres Buch ist nicht geplant.

Hier noch ein kurzer Hinweis über die Herkunft der Daten. Alles messbare (Masse Elemente und Planeten, Umlaufzeiten etc.) wurde aus geeigneter Fachliteratur und dem Internet entnommen. Erforderliche Berechnungen und Vergleiche habe ich über Tabellenkalkulationsprogramme vorgenommen. Verbindungszahlen wurden anhand besonderer Eigenschaften zusammengestellt. Hierbei war auch das Buch „Gottes geheime Formel" hilfreich. Herzlichen Dank daher auch an dessen Autor Dr. Peter Plichta. Alles zusammen hat mit der gewählten Strategie zu dem vorgestellten Gesamtergebnis geführt.

Die Zukunft ist offen und verändert sich mit dem technischen Fortschritt, der wieder von wissenschaftlichen Erkenntnissen abhängig ist. Wo diese später einen Nutzen bringen, wird sich zeigen. Schön wäre es, wenn wir irgendwann Energie mit deutlich geringeren Umweltbelastungen erzeugen können. Der festgestellte Zusammenhang zwischen stabilen und instabilen Elementen hilft vielleicht in der Zukunft, hochradioaktiven Atommüll zu vermeiden bzw. in stabile Elemente umzuwandeln. Die Entwicklung von Materialien, die bei nicht allzu tiefen Temperaturen in einen supraleitenden Zustand übergehen, wäre auch schön. Die festgestellten Beziehungen zwischen manchen Elementen könnten hier hilfreich sein.

Auf dem Weg zur Weltformel wird sicher noch einiges entdeckt, das brauchbare Lösungen anbieten kann. Die Ergebnisse aus diesem Buch können aber nur einen Beitrag dazu leisten, wenn sie auf ausreichend fruchtbaren Boden landen. Diesen Teil können alle Leserinnen und Leser beeinflussen und damit indirekt auch für sich selbst eine positive Zukunft bewirken.

Wer macht mit?

ANHANG

Werte für die Kreisgleichung

Eingabewerte		Ausgabewerte in Kreisgleichung	
Geschw. in km/s	Masse in kg	<u>Geschwindigkeit</u> Lichtgeschwindigkeit	<u>Ruhemasse 1 kg</u> Masse in Bewegung
10000	1,000556791	0,03335646	0,99944352
50000	1,014205218	0,166782302	0,98599374
75000	1,03284335	0,250173454	0,96820103
100000	1,060752203	0,333564605	0,94272724
125000	1,100198628	0,416955756	0,90892678
150000	1,154967773	0,500346907	0,86582502
200000	1,342386346	0,66712921	0,74494202
250000	1,811928457	0,833911512	0,55189817
270000	2,300975721	0,900624433	0,43459824
285000	3,223338229	0,950659124	0,31023738
295000	5,615379025	0,984015584	0,17808237

Masse der stabilen Elemente

20 Elemente mit 1 Isotop		
Chemisches Zeichen	Anzahl Protonen	Elementemasse in kg
Be	4	1,49653 |-26
F	9	3,15481 |-26
Na	11	3,81764 |-26
Al	13	4,48021 |-26
P	15	5,14277 |-26
Sc	21	7,4659 |-26
Mn	25	9,12315 |-26
Co	27	9,78571 |-26
As	33	1,2441 |-25
Y	39	1,47641 |-25
Nb	41	1,54283 |-25
Rh	45	1,70872 |-25
I	53	2,10726 |-25
Cs	55	2,20689 |-25
Pr	59	2,33974 |-25
Tb	65	2,63864 |-25
Ho	67	2,73827 |-25
Tm	69	2,8047 |-25
Au	79	3,27131 |-25
Bi	83	3,47058 |-25
SUMME:	**813**	**3,19961 |-24**

21 Elemente mit 2 Isotopen		
Chemisches Zeichen	Anzahl Protonen	Elementemasse in kg
H	1	1,67368 |-27
He	2	6,64658 |-27
Li	3	1,1526 |-26
B	5	1,79507 |-26
N	7	2,3259 |-26
Cl	17	5,8867 |-26
V	23	8,45892 |-26
Cu	29	1,05529 |-25
Ga	31	1,15775 |-25
Br	35	1,32679 |-25
Rb	37	1,41929 |-25
Ag	47	1,79175 |-25
In	49	1,90633 |-25
Sb	51	2,02257 |-25
La	57	2,30653 |-25
Eu	63	2,52406 |-25
Lu	71	2,90599 |-25
Ta	73	3,00396 |-25
Re	75	3,09197 |-25
Ir	77	3,19161 |-25
Tl	81	3,3942 |-25
SUMME:	**834**	**3,31432 |-24**

7 Elemente mit 3 Isotopen		
Chemisches Zeichen	Anzahl Protonen	Elementemasse in kg
C	6	1,99451 |-26
O	8	2,65681 |-26
Ne	10	3,35102 |-26
Mg	12	4,03683 |-26
Si	14	4,66453 |-26
Ar	18	6,63396 |-26
K	19	6,49281 |-26
SUMME:	**87**	**2,98305 |-25**

6 Elemente mit 4 Isotopen		
Chemisches Zeichen	Anzahl Protonen	Elementemasse in kg
S	16	5,32377 |-26
Cr	24	8,63494 |-26
Fe	26	9,27426 |-26
Sr	38	1,45499 |-25
Ce	58	2,32645 |-25
Pb	82	3,44069 |-25
SUMME:	**244**	**9,54543 |-25**

6 Elemente mit 5 Isotopen		
Chemisches Zeichen	Anzahl Protonen	Elementemasse in kg
Ti	22	7,95079 |-26
Ni	28	9,74586 |-26
Zn	30	1,08568 |-25
Ge	32	1,2054 |-25
Zr	40	1,51477 |-25
W	74	3,05378 |-25
SUMME:	**226**	**8,62929 |-25**

7 Elemente mit 6 Isotopen		
Chemisches Zeichen	Anzahl Protonen	Elementemasse in kg
Ca	20	6,65555 |-26
Se	34	1,31118 |-25
Kr	36	1,39155 |-25
Pd	46	1,76684 |-25
Er	68	2,77813 |-25
Hf	72	2,96411 |-25
Pt	78	3,23976 |-25
SUMME:	**354**	**1,41171 |-24**

10 Elemente mit 7 Isotopen		
Chemisches Zeichen	Anzahl Protonen	Elementemasse in kg
Mo	42	1,59315 |-25
Ru	44	1,67883 |-25
Ba	56	2,27996 |-25
Nd	60	2,39454 |-25
Sm	62	2,49749 |-25
Gd	64	2,61207 |-25
Dy	66	2,69842 |-25
Yb	70	2,87278 |-25
Os	76	3,1584 |-25
Hg	80	3,33109 |-25
SUMME:	**620**	**2,51167 |-24**

2 Elemente mit 8 Isotopen		
Chemisches Zeichen	Anzahl Protonen	Elementemasse in kg
Cd	48	1,86648 |-25
Te	52	2,11888 |-25
SUMME:	**100**	**3,98536 |-25**

1 Element mit 9 Isotopen		
Chemisches Zeichen	Anzahl Protonen	Elementemasse in kg
Xe	54	2,18032 |-25
SUMME:	**54**	**2,18032 |-25**

1 Element mit 10 Isotopen		
Chemisches Zeichen	Anzahl Protonen	Elementemasse in kg
Sn	50	1,97109 |-25
SUMME:	**50**	**1,97109 |-25**

Isotope der stabilen Elemente

Stabile Elemente mit 1 Isotop (Reinelemente)			
Anzahl Protonen	Chemisches Zeichen	Anzahl Neutronen	Atommasse in kg
4	Be	5	1,49653 |-26
9	F	10	3,15481 |-26
11	Na	12	3,8176 |-26
13	Al	14	4,48046 |-26
15	P	16	5,1434 |-26
21	Sc	24	7,46522 |-26
25	Mn	30	9,12282 |-26
27	Co	32	9,78624 |-26
33	As	42	1,24412 |-25
39	Y	50	1,47634 |-25
41	Nb	52	1,54277 |-25
45	Rh	58	1,70881 |-25
53	I	74	2,10733 |-25
55	Cs	78	2,20698 |-25
59	Pr	82	2,33986 |-25
65	Tb	94	2,63906 |-25
67	Ho	98	2,73878 |-25
69	Tm	100	2,80526 |-25
79	Au	118	3,27076 |-25
83	Bi	126	3,47026 |-25
SUMME:		1115	3,1997 |-24

Stabile Elemente mit 2 Isotopen			
Anzahl Protonen	Chemisches Zeichen	Anzahl Neutronen	Atommasse in kg
1	H	0	1,67356 |-27
1	D	1	3,34455 |-27
2	He	1	5,00831 |-27
2		2	6,64658 |-27
3	Li	3	9,9885 |-27
3		4	1,16505 |-26
5	B	5	1,66271 |-26
5		6	1,82817 |-26
7	N	7	2,3253 |-26
7		8	2,49087 |-26
17	Cl	18	5,80681 |-26
17		20	6,13843 |-26
23	V	27	8,29405 |-26
23		28	8,45958 |-26
29	Cu	34	1,04499 |-25
29		36	1,07817 |-25
31	Ga	38	1,14455 |-25
31		40	1,17775 |-25
35	Br	44	1,31049 |-25
35		46	1,34367 |-25
37	Rb	48	1,41002 |-25
37		50	1,44318 |-25
47	Ag	60	1,77523 |-25
47		62	1,80843 |-25
49	In	64	1,87485 |-25
49		66	1,90805 |-25
51	Sb	70	2,00769 |-25
51		72	2,04091 |-25
57	La	81	2,29004 |-25
57		82	2,30663 |-25
63	Eu	88	2,50612 |-25
63		90	2,53936 |-25

Stabile Elemente mit 2 Isotopen (Fortsetzung)			
Anzahl Protonen	Chemisches Zeichen	Anzahl Neutronen	Atommasse in kg
71	Lu	104	2,90501 |-25
71		105	2,92164 |-25
73	Ta	107	2,98815 |-25
73		108	3,00476 |-25
75	Re	110	3,07126 |-25
75		112	3,10452 |-25
77	Ir	114	3,17103 |-25
77		116	3,20428 |-25
81	Tl	122	3,37049 |-25
81		124	3,40373 |-25
SUMME:		2323	6,62387 |-24

Stabile Elemente mit 3 Isotopen			
Anzahl Protonen	Chemisches Zeichen	Anzahl Neutronen	Atommasse in kg
6	C	6	1,99268 |-26
6		7	2,15929 |-26
6		8	2,32533 |-26
8	O	8	2,65606 |-26
8		9	2,82282 |-26
8		10	2,98888 |-26
10	Ne	10	3,31988 |-26
10		11	3,48617 |-26
10		12	3,65181 |-26
12	Mg	12	3,98287 |-26
12		13	4,14906 |-26
12		14	4,31458 |-26
14	Si	14	4,64575 |-26
14		15	4,81174 |-26
14		16	4,97734 |-26
18	Ar	18	5,97265 |-26
18		20	6,30396 |-26
18		22	6,63602 |-26
19	K	20	6,47018 |-26
19		21	6,63628 |-26
19		22	6,80198 |-26
SUMME:		288	9,11053 |-25

Stabile Elemente mit 4 Isotopen			
Anzahl Protonen	Chemisches Zeichen	Anzahl Neutronen	Atommasse in kg
16	S	16	5,30917 |-26
16		17	5,47513 |-26
16		18	5,64059 |-26
16		20	5,97257 |-26
24	Cr	26	8,29387 |-26
24		28	8,62506 |-26
24		29	8,79114 |-26
24		30	8,95691 |-26
26	Fe	28	8,95703 |-26
26		30	9,28836 |-26
26		31	9,4545 |-26
26		32	9,6202 |-26
38	Sr	46	1,39344 |-25
38		48	1,42658 |-25
38		49	1,44318 |-25
38		50	1,45973 |-25
58	Ce	78	2,25683 |-25
58		80	2,29002 |-25
58		82	2,32322 |-25
58		84	2,3565 |-25
82	Pb	122	3,38711 |-25
82		124	3,42034 |-25
82		125	3,43697 |-25
82		126	3,45359 |-25
SUMME:		**1319**	**3,80859 |-24**

Stabile Elemente mit 5 Isotopen			
Anzahl Protonen	Chemisches Zeichen	Anzahl Neutronen	Atommasse in kg
22	Ti	24	7,63074 |-26
22		25	7,79665 |-26
22		26	7,96207 |-26
22		27	8,12811 |-26
22		28	8,29366 |-26
28	Ni	30	9,62054 |-26
28		32	9,9519 |-26
28		33	1,0118 |-25
28		34	1,02836 |-25
28		36	1,06157 |-25
30	Zn	34	1,06159 |-25
30		36	1,09475 |-25
30		37	1,11137 |-25
30		38	1,12794 |-25
30		40	1,16116 |-25
32	Ge	38	1,16114 |-25
32		40	1,19431 |-25
32		41	1,21094 |-25
32		42	1,22751 |-25
32		44	1,26072 |-25
40	Zr	50	1,49293 |-25
40		51	1,50955 |-25
40		52	1,52614 |-25
40		54	1,55938 |-25
40		56	1,59262 |-25
74	W	106	2,98813 |-25
74		108	3,02137 |-25
74		109	3,03801 |-25
74		110	3,05463 |-25
74		112	3,08789 |-25
SUMME:		**1493**	**4,35222 |-24**

Stabile Elemente mit 6 Isotopen			
Anzahl Protonen	Chemisches Zeichen	Anzahl Neutronen	Atommasse in kg
20	Ca	20	6,63605 |-26
20		22	6,9675 |-26
20		23	7,13358 |-26
20		24	7,2991 |-26
20		26	7,63091 |-26
20		28	7,96283 |-26
34	Se	40	1,22753 |-25
34		42	1,26069 |-25
34		43	1,27731 |-25
34		44	1,29387 |-25
34		46	1,32707 |-25
34		48	1,36028 |-25
36	Kr	42	1,29392 |-25
36		44	1,32706 |-25
36		46	1,36023 |-25
36		47	1,37684 |-25
36		48	1,39341 |-25
36		50	1,4266 |-25
46	Pd	56	1,69221 |-25
46		58	1,72539 |-25
46		59	1,74202 |-25
46		60	1,7586 |-25
46		62	1,79181 |-25
46		64	1,82505 |-25
68	Er	94	2,68893 |-25
68		96	2,72215 |-25
68		98	2,75538 |-25
68		99	2,77202 |-25
68		100	2,78863 |-25
68		102	2,82189 |-25

Stabile Elemente mit 6 Isotopen (Fortsetzung)			
Anzahl Protonen	Chemisches Zeichen	Anzahl Neutronen	Atommasse in kg
72	Hf	102	2,88839 |-25
72		104	2,92162 |-25
72		105	2,93826 |-25
72		106	2,95487 |-25
72		107	2,97151 |-25
72		108	2,98813 |-25
78	Pt	112	3,15441 |-25
78		114	3,18764 |-25
78		116	3,22088 |-25
78		117	3,23752 |-25
78		118	3,25413 |-25
78		120	3,28739 |-25
SUMME:		2960	8,43766 |-24

Stabile Elemente mit 7 Isotopen			
Anzahl Protonen	Chemisches Zeichen	Anzahl Neutronen	Atommasse in kg
42	Mo	50	1,52617 |-25
42		52	1,55936 |-25
42		53	1,57597 |-25
42		54	1,59256 |-25
42		55	1,60919 |-25
42		56	1,62578 |-25
42		58	1,65903 |-25
44	Ru	52	1,59261 |-25
44		54	1,62578 |-25
44		55	1,6424 |-25
44		56	1,65898 |-25
44		57	1,6756 |-25
44		58	1,69219 |-25
44		60	1,72542 |-25
56	Ba	74	2,15718 |-25
56		76	2,19037 |-25
56		78	2,22357 |-25
56		79	2,2402 |-25
56		80	2,25678 |-25
56		81	2,27341 |-25
56		82	2,29001 |-25
60	Nd	82	2,35647 |-25
60		83	2,37311 |-25
60		84	2,38972 |-25
60		85	2,40637 |-25
60		86	2,42298 |-25
60		88	2,45626 |-25
60		90	2,48953 |-25
62	Sm	82	2,38975 |-25
62		85	2,43962 |-25
62		86	2,45622 |-25
62		87	2,47287 |-25
62		88	2,48947 |-25
62		90	2,52273 |-25
62		92	2,55598 |-25
64	Gd	88	2,52273 |-25
64		90	2,55596 |-25

Stabile Elemente mit 7 Isotopen (Fortsetzung)			
Anzahl Protonen	Chemisches Zeichen	Anzahl Neutronen	Atommasse in kg
64		91	2,57259 |-25
64		92	2,58919 |-25
64		93	2,60583 |-25
64		94	2,62243 |-25
64		96	2,65569 |-25
66	Dy	90	2,58922 |-25
66		92	2,62244 |-25
66		94	2,65566 |-25
66		95	2,6723 |-25
66		96	2,6889 |-25
66		97	2,70554 |-25
66		98	2,72215 |-25
70	Yb	98	2,78865 |-25
70		100	2,82188 |-25
70		101	2,83851 |-25
70		102	2,85512 |-25
70		103	2,87175 |-25
70		104	2,88837 |-25
70		106	2,92164 |-25
76	Os	108	3,05465 |-25
76		110	3,08789 |-25
76		111	3,10452 |-25
76		112	3,12113 |-25
76		113	3,13777 |-25
76		114	3,15438 |-25
76		116	3,18765 |-25
80	Hg	116	3,25414 |-25
80		118	3,28737 |-25
80		119	3,304 |-25
80		120	3,3206 |-25
80		121	3,33724 |-25
80		122	3,35385 |-25
80		124	3,38711 |-25
SUMME:		**6172**	**1,74473 |-23**

Stabile Elemente mit 8 Isotopen			
Anzahl Protonen	Chemisches Zeichen	Anzahl Neutronen	Atommasse in kg
48	Cd	58	1,75865 |-25
48		60	1,79182 |-25
48		62	1,82501 |-25
48		63	1,84164 |-25
48		64	1,85822 |-25
48		65	1,87485 |-25
48		66	1,89144 |-25
48		68	1,92467 |-25
52	Te	68	1,99108 |-25
52		70	2,02428 |-25
52		71	2,04091 |-25
52		72	2,05749 |-25
52		73	2,07412 |-25
52		74	2,09071 |-25
52		76	2,12394 |-25
52		78	2,15718 |-25
SUMME:		1088	3,1326 |-24

Stabiles Element mit 9 Isotopen			
Anzahl Protonen	Chemisches Zeichen	Anzahl Neutronen	Atommassse in kg
54	Xe	70	2,05754 |-25
54		72	2,09072 |-25
54		74	2,12392 |-25
54		75	2,14055 |-25
54		76	2,15713 |-25
54		77	2,17376 |-25
54		78	2,19035 |-25
54		80	2,22359 |-25
54		82	2,25683 |-25
SUMME:		684	1,94144 |-24

Stabiles Element mit 10 Isotopen			
Anzahl Protonen	Chemisches Zeichen	Anzahl Neutronen	Atommasse in kg
50	Sn	62	1,85825 |-25
50		64	1,89143 |-25
50		65	1,90805 |-25
50		66	1,92462 |-25
50		67	1,94125 |-25
50		68	1,95783 |-25
50		69	1,97447 |-25
50		70	1,99105 |-25
50		72	2,02429 |-25
50		74	2,05753 |-25
SUMME:		677	1,95288 |-24

Elementeblock 84 – Thema "Verdopplung"

1.) Gegenüberstellung der Elemente in 2 Blöcke
2.) Aufteilung in 4 · 21 Elemente
3.) 6er Abstand gemäß der rechten Spalte

Siehe nächste Seite

Element	Isotope	Element	Isotope	Isotopensumme
1	2	22	5	
2	2	23	2	
3	2	24	4	
4	1	25	1	
5	2	26	4	
6	3	27	1	4
7	2	28	5	
8	3	29	2	
9	1	30	5	
10	3	31	2	
11	1	32	5	
12	3	33	1	4
13	1	34	6	
14	3	35	2	
15	1	36	6	
16	4	37	2	
17	2	38	4	
18	3	39	1	4
19	3	40	5	
20	6	41	1	
21	1	42	7	
43		64	7	
44	7	65	1	
45	1	66	7	8
46	6	67	1	
47	2	68	6	
48	8	69	1	
49	2	70	7	
50	10	71	2	
51	2	72	6	8
52	8	73	2	
53	1	74	5	
54	9	75	2	
55	1	76	7	
56	7	77	2	
57	2	78	6	8
58	4	79	1	
59	1	80	7	
60	7	81	2	
61		82	4	
62	7	83	1	
63	2	84